建筑装饰装修工程管理丛书

建筑装饰装修工程
项目管理手册

陆　军　叶远航　周　洁　孙志高　主编

中国建筑工业出版社

图书在版编目（CIP）数据

建筑装饰装修工程项目管理手册 / 陆军等主编 . —
北京：中国建筑工业出版社，2024.5
（建筑装饰装修工程管理丛书）
ISBN 978-7-112-29729-0

Ⅰ.①建… Ⅱ.①陆… Ⅲ.①建筑装饰–建筑工程–
项目管理–手册 Ⅳ.① TU767-62

中国国家版本馆 CIP 数据核字（2024）第 070519 号

　　本书在简要阐述项目管理基础理论的基础上，重点介绍了装饰装修项目实践中的管理流程和管理模块，助力读者构建施工项目管理的知识体系，提高运用项目管理知识解决工程施工实际问题的能力。同时，本书也为建筑装饰装修企业构建标准化项目管理体系提供了解决方案，旨在解决建筑装饰装修企业在项目管理中存在的问题，同时为行业的项目管理提供一定的参考和建议。

　　本书适用于建筑施工、建筑装饰装修从业人员及管理人员。

责任编辑：徐仲莉　王砾瑶
责任校对：赵　力

建筑装饰装修工程管理丛书
建筑装饰装修工程项目管理手册
陆　军　叶远航　周　洁　孙志高　主编

*

中国建筑工业出版社出版、发行（北京海淀三里河路9号）
各地新华书店、建筑书店经销
北京点击世代文化传媒有限公司制版
建工社（河北）印刷有限公司印刷

*

开本：880 毫米 ×1230 毫米　1/32　印张：9　字数：264 千字
2024 年 5 月第一版　2024 年 5 月第一次印刷
定价：38.00 元
ISBN 978-7-112-29729-0
（42850）

◆◆◆ 编写委员会 ◆◆◆

主 编

陆 军 叶远航 周 洁 孙志高

主要参编人员

周晓聪 张德扬 蒋祖科 吉荣华

陈锦泉 朱俊平 林永华 陈纯伟

曹建华 谭生荣 周 亮 赵晓冬

前　言

　　项目管理作为面向项目的系统管理体系，已逐步发展成现代管理理论的重要组成部分，并形成了独立的科学体系。施工项目管理是施工单位在工程项目施工阶段，运用系统的项目管理理论和方法，对项目及资源进行规划、组织、指挥、协调和控制等专业化操作，以在规定的时间、预算和质量标准等约束条件下实现项目目标的管理。对于建筑装饰装修企业而言，施工项目管理是管理的基础单元，其管理的好坏不仅直接影响工程项目的成败，而且关系到整个企业的战略发展和未来。因此，建筑装饰装修企业迫切需要建立一套科学、全面、有效的项目管理体系，加强项目管理，提高企业竞争力。

　　本书在简要阐述项目管理基础理论的基础上，重点介绍了装饰装修项目实践中的管理流程和管理模块，分别从施工项目的组织、商务、生产等维度，深入剖析了进度管理、质量管理、成本管理、安全管理、环境管理、合同管理、资源管理、信息管理、沟通管理、风险管理、组织协调等各个管理环节的要点，助力读者构建施工项目管理的知识体系，提高运用项目管理知识解决工程施工实际问题的能力。同时，本书也为建筑装饰装修企业构建标准化项目管理体系提供了解决方案，旨在解决建筑装饰装修企业在项目管理中存在的问题，同时为行业的项目管理提供一定的参考和建议。

　　本书能付诸出版，离不开众多前辈和朋友的支持与帮助，在此表示衷心的感谢！项目管理作为一门管理学科，内容繁杂且发展迅速，由于编者在该领域的理论学术水平有限，书中可能存在疏漏之处，敬请广大读者、同行不吝批评指正。

陆军

2024 年 2 月 1 日于福州

目 录

第1章　项目管理概述

1.1　项目与建设工程项目

1.1.1　项目

项目（Project）是由一组包括时间、成本、质量、资源等约束条件下完成的，相互协调的受控活动所组成的，具有明确目标的一次性任务。项目按其成果或专业特征，可分为科研项目、开发项目、建设项目、工程项目、咨询项目等。项目具有以下共同特征：

（1）项目的唯一性。

项目的唯一性也可称为单件性或特定性，这是项目最主要的特征。每个项目的进展过程和交付成果都是唯一的，因此只能进行单独处理，无法像流水线作业一样批量生产。而且，这种独特性使得每个项目都没有重来一次的机会。

（2）项目的一次性。

项目有特定的生命周期，任何项目都有其产生时间、发展时间和结束时间，在不同的阶段对应有特定的任务、程序与工作内容。项目一旦完成，则表示该项目的相关工作终结。

（3）项目的目标性。

项目具备明确的目标以及一定的限制条件。其中，项目目标包括成果性目标和约束性目标。成果性目标是指项目需要达到的功能要求，而约束性目标则是指项目受到的时间、质量、成本和资源等方面的限制。

1.1.2　建设工程项目

建设工程项目（Construction Project，以下简称建设项目）是指实现固定资产投资的项目。建设项目是指在规定的时间、限量的投资、标准的程序、规范的质量限制下，以形成固定资产为明确目标的特定性任务。建设项目除普通项目的特征外，还具备其特有特征：

（1）固定性与流动性。

建设项目是在特定的地点进行建设，不能被转移，项目建成后只能在固定的地点投产并发挥效益。而建设项目的固定性则决定了建设者在不同项目之间组织实施的流动性。

（2）庞大性与露天性。

建设项目通常是在露天的环境条件下进行施工，由于其体量庞大，无法搭建围护设施或移入室内环境进行施工，作业条件常常受外部环境的干扰，不确定因素较多。

（3）多样性与单件性。

建设项目的使用要求、设计风格、结构类型各不相同，存在多样性特点。而产品的固定性和类型的多样性决定了其生产的单件性。

（4）目标性与约束性。

建设项目是在一定的约束条件下，以形成固定资产为特定目标。约束条件有时间约束，即一个建设项目有合理的建设工期目标；资源约束，即一个建设项目有一定的投资总量目标；质量约束，即一个建设项目有预期的生产能力、技术水平或使用效益目标。

1.1.3　工程施工项目

工程施工项目（以下简称施工项目）是施工企业自施工承包投标开始到保修期满为止的全过程中完成的项目，是建设项目或其中的单项工程或单位工程且最终形成交付产品的施工任务。施工项目有以下特征：

（1）施工项目的管理主体。

施工项目的管理主体是以施工项目经理为核心的项目经理部，以及承担部分施工项目管理职能的施工企业。

（2）施工项目的管理目标。

施工项目的管理目标是以经济效益为中心的工期、成本、质量、安全等若干维度目标的综合。

（3）施工项目的管理要素。

施工项目的管理要素包括施工技术管理、施工资金管理、施工劳动力管理、施工材料管理、施工设备管理等。

1.2 管理与项目管理

1.2.1 管理

根据《极简管理：中国式管理操作系统》所述，"管"原意为细长而中空之物，其四周被堵塞，中央可通达。使之闭塞为堵；使之通行为疏。"管"，即表示有堵有疏、疏堵结合。所以，"管"既包含疏通、引导、促进、肯定、打开之意，又包含限制、规避、约束、否定、闭合之意。"理"，本义为顺玉之纹而剖析；代表事物的道理、发展的规律，包含合理、顺理的意思。管理犹如治水，疏堵结合、顺应规律而已。所以，管理就是合理地疏与堵的思维和行为。

管理即管理主体为实现既定目标，利用各种有效手段，对被管理对象和要素所进行的计划、组织、控制、协调的行为过程。管理是人类各种组织活动中最普遍和最重要的活动。

1.2.2 项目管理

项目管理（Project Management，PM）具有很强的实际应用性，属于科学管理的范畴。它起源于对科学管理项目的需求，逐渐发展成为一种面向项目的系统管理体系。项目管理是指项目组织和管理者运用系统管理的理论与方法，对项目及资源进行规划、组织、指挥、协调和控制等专业化操作，以在规定的时间、预算和质量标准等约束条件下实现项目目标。由于项目的一次性特点，要求项目管理具有程序性、全面性和科学性，主要采用系统工程的理念、理论和方法来进行管理。项目管理是一种知识、智力和技术密集型的管理方式。

1.2.3 建设工程项目管理

建设工程项目管理（以下简称工程项目管理）是项目管理的一个子类，其管理对象为各种工程项目。工程项目管理的实质是管理者借助系统理论和方法，对工程建设开展的计划、组织、指挥、协调和控制等专业化活动，以达成生产要素在工程项目上的优化配置，为建设单位提供高质量产品。根据管理主体和管理内容的差异，工程项目管理可以划分为以建设单位为主体的"建设项目管理"，以设计单位为主体的"工程设计项目管理"，以施工企业为主体的"工程施工项目管理"，以及工程监理单位受建设单位委托进行的"工程建设监理"。

1.2.4 建设项目管理

建设项目管理的管理主体是建设单位，即从建设单位角度对项目建设进行的综合性管理工作。建设项目管理是通过一定的组织形式，采取各种方法与措施，对投资建设项目的系统实施进行计划、协调、监督、控制和总结评价，以达到保证建设项目质量、缩短工期、提高投资效益的目的。

1.2.5 工程施工项目管理

工程施工项目管理（以下简称施工项目管理）是指施工单位在工程项目施工阶段，运用系统的项目管理理论和方法，对施工项目进行全方位的管理，包括计划、组织、监督、控制、协调等。施工项目管理的生命周期涵盖了工程投标、施工合同签订、施工准备、施工、交付验收以及售后服务等环节。施工项目管理的任务主要包括进度管理、质量管理、成本管理、安全管理、环境管理、合同管理、资源管理、信息管理、沟通管理、风险管理、组织协调等。可以概括为"四控制"（进度、质量、成本、安全）、"三管理"（合同、信息、风险）和"一协调"（组织内外部协调）。

1.3 工程项目管理基本原理

工程项目管理的核心任务是目标控制。项目实施过程中环境与条件是动态变化的，因此，在项目实施过程中必须对项目目标进行有效规划与动态控制。工程项目管理的基本原理主要包括目标系统管理、过程控制管理和目标动态控制。

1.3.1 目标系统管理

目标管理（Management by Objective，MBO）是在 20 世纪 50 年代由美国管理学大师德鲁克提出的。其核心是以管理目标为中心，把管理活动的任务转换为具体的目标加以实施和控制，通过目标的实现完成管理任务。目标管理是一种很重要的现代化管理方法，被广泛应用于各经济领域的管理之中，也适用于工程项目管理。目标系统管理，首先在确定工程总目标的基础上，采用工作分解结构（Work Breakdown Structure，WBS）的方法将总目标层层分解成若干子目标，再转化成若干子工作，并将它们落实到各责任人。同时，建立全面的目标控制系统，做好整个系统中各类子目标的协调平衡和各项子工作的衔接协作，从而确保项目总目标的实现。

工程项目目标系统管理是一种层次结构，将工程项目的总目标分解成子目标，子目标再分解成可执行的目标，形成层次性的目标结构。工作分解结构是一种层次化的树状结构，将工程项目划分为可以管理的工程项目单元，通过控制这些单元的成本、进度和质量目标，达到控制整个工程项目的目的。

1.3.2 过程控制管理

项目是由多个过程组成，一般认为过程是产生结果的一系列行为。项目过程分为两大类，一类是创造项目产品的过程，另一类是项目管理过程。项目管理过程是对创造项目产品过程的管理。项目管理过程则分为启动、计划、执行、控制和结束五个过程，其中控制又可分为检查与处理。

过程控制管理的基本方法论首推美国数理统计学家戴明提出的 PDCA（Plan-Do-Check-Act）循环原理。PDCA 循环是能使任何一项活动有效进行的符合逻辑的工作程序，在目标过程控制中尤为管用。在过程控制管理中，上述 PDCA 循环过程是循环改进、持续上升的过程，包括计划、实施、检查、处理四个环节，但不包括项目的启动和收尾两个过程（图 1-1）。

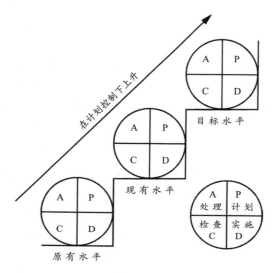

图 1-1 PDCA 循环原理图

1.3.3 目标动态控制

鉴于项目实施过程中主客观条件的变化是必然的，而不变是相对的；在项目推进过程中，平衡是暂时的，不平衡则是常态的。所以，在项目实施过程中必须根据情况的变化进行项目目标的动态控制。项目目标动态控制是项目管理最基本的方法，其核心在于在项目实施过程中不断比较项目目标的计划值与实际值，一旦出现偏差，及时采取措施予以纠正。目标动态控制的纠偏措施包括组织、管理、经济、技术等方面。

1.4 施工项目管理基本原则

1.4.1 层级管理原则

施工企业项目管理宜采取企业总部、区域工程部、项目经理部、施工作业层的层级管理模式，实施目标责任分层管理。企业总部为施工项目管理的控制层，区域工程部为辅助控制层，项目经理部为主责层，施工作业层则是执行层。项目管理的主责层需服从企业总部的控制层；

区域工程部辅助企业总部进行施工项目的协助管理，起到承上启下的作用；企业总部的控制层为项目主责层提供服务；施工作业层与项目各管理层是施工合同关系。

1.4.2　法人管项目原则

施工企业法人是工程项目的市场主体、经济主体和法律主体。通过统一项目基础管理模式，加强企业的项目策划和资源集中调控能力，规范企业对项目的服务和监督行为，明确企业和项目层次的责任与相互关系，推动项目管理体系的有效运行。项目经理部在行政上直接受企业总部领导；在业务上接受企业各专业职能部门的指导、监督管理和考核；在经营管理上受《项目管理目标责任书》的约束，对企业法人负责。

1.4.3　授权管理原则

企业控制层与项目主责层是委托授权关系，项目经理是施工企业法人在项目上的委托代理人。项目经理部在企业授权范围内开展项目管理工作。企业授权项目经理部管理工程建设过程中的质量、安全、进度、环境保护、经济等工作，并允许项目在规定的权限内对项目资源供应、商务进展、资金支付等进行操作。企业拥有项目经理部产生的所有成果，并对项目经理部产生的一切影响承担责任。

1.4.4　后台管理原则

企业总部承担组织各种资源的责任，协调各类管理工作，强化集约化控制。具体措施包括集中采购物资、集中租赁周转材料、集中招标管理劳务分包、集中调配管理资金、集中管理施工组织设计、集中管理控价、集中开展管理策划、集中管控责任成本、集中组织二次经营、集中管理合同、集中制定业务流程、集中实施督导检查。

1.4.5　精细化管理原则

精细化管理是确保企业战略规划在每个环节得以有效实施并发挥

作用的过程，也是提高企业整体执行力的关键途径。其突出表现为项目管理层级分明、要素管控集约化、资源配置市场化、单元清单预算化、管理责任矩阵化、成本控制精细化、管理流程标准化、作业队伍组织化、管理报告格式化、盈亏分析数据化、绩效考核科学化、管理手段信息化。

1.5 装饰装修项目管理全过程

装饰装修项目管理的对象是装饰装修施工项目全生命周期各阶段的工作。装饰装修施工项目的全生命周期可分为业务承揽、项目策划、项目实施、项目收尾等阶段，这些阶段共同构成了施工项目管理的全过程。施工项目管理的主要工作流程大致可以概括为以下几类：项目前期控制、以项目单元清单和责任矩阵为核心的各项管理、施工组织设计管理、技术管理、安全质量环境保护管理、劳务管理、物资管理、合同管理、责任成本预算管理及考核、工程经济管理、财务管理、经济活动分析、竣工及收尾管理、综合管理、审计管理。项目管理的基本流程详见项目管理基本流程图（图 1-2）。

建筑装饰装修施工企业应构建项目管理标准化流程体系文件，每种管理流程都可以细分为多个业务流程。详细的业务流程应包括业务流程图和流程说明两部分，直观地描述每个工作步骤的具体内容以及涉及的相关部门和岗位，为项目经理部管理人员的日常管理工作提供详细的操作方法和依据。项目经理部可以根据实际管理情况，在此基础上进一步细化和完善管理流程步骤。

1.5.1 业务承揽阶段

建筑装饰装修施工企业应基于发展战略和市场分析，明确业务承揽意向。依据招标公告或投标邀请，深入研究招标文件，做出投标决策，直至成功中标并签订工程施工合同。本阶段主要工作内容包括：

（1）投标立项。

企业从经营战略的高度做出是否投标争取承揽项目的决策。

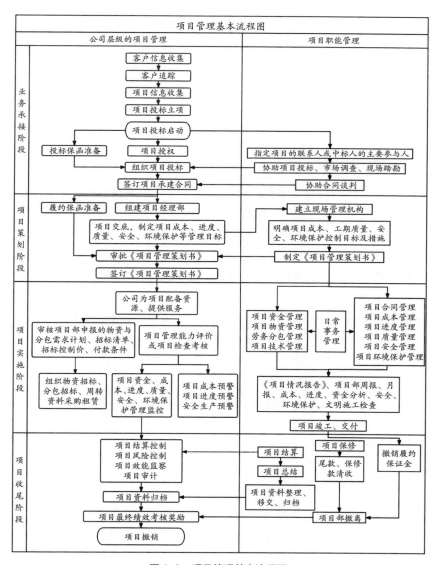

图 1-2 项目管理基本流程图

（2）标前调查。

踏勘、收集、分析自身与竞标企业、市场与现场等维度信息。

（3）编制标书。

根据图纸、工程量清单及施工方案编制商务标与技术标。

（4）签订合同。

如中标，则与招标方进行谈判，依法签订工程施工合同。

（5）标后总结。

收集并填写开标信息，及时对项目投标工作进行分析总结。

1.5.2　项目策划阶段

建筑装饰装修施工企业组建项目经理部，由项目经理部主导，企业经营管理层和各职能部门配合，开展施工准备和项目策划工作。根据施工承包合同文件的要求以及项目特点，研究制定施工项目组织管理的基本目标和总体方案，包括施工项目的总体目标、项目管理实施规划、施工资源需求计划等。本阶段主要工作内容包括：

（1）项目立项。

根据工程管理需要成立项目经理部，建立机构，配备管理人员。

（2）编制施工组织设计。

编制施工组织设计（或实施规划），指导项目各项管理活动。

（3）施工准备。

进行施工现场准备，编制生产要素需求计划与资金收支计划。

（4）目标交底。

确定项目总目标，分解并下达至项目各管理责任人。

1.5.3　项目实施阶段

项目经理部从现场施工开始直至竣工交付，致力于完成合同中规定的施工任务。项目经理部充当本阶段决策机构和责任主体的角色，其他部门应参与施工过程中质量检查、安全监管、物资供应、资金管理等方面的工作，以确保项目的顺利推进。同时，提供专业的技术支持和意见，协助项目经理部解决可能遇到的问题和挑战。本阶段主要工作内容包括：

（1）组织资源。

根据计划组织资金、物资、机械以及劳动力各项资源。

（2）组织施工。

按施工项目管理实施规划（或施工组织设计）的安排进行施工。

（3）过程管控。

做好进度、质量、成本、安全等管理目标的动态过程管控。

（4）交付准备。

做好施工收尾工作以及各项交验资料，为交工验收做好准备。

1.5.4 项目收尾阶段

项目收尾是施工项目全过程的最后阶段，项目经理部在完成竣工交付后，还需要在规定的时限内完成项目的关账与结算、档案资料归档、工程尾款与质量保证金清收、保修期内的维保与回访、项目的复盘与绩效兑现等工作。本阶段主要工作内容包括：

（1）项目关账。

完成各类生产资料分供方的结算以及项目各项费用的关账工作。

（2）项目结算。

依据施工合同和签证资料完成对建设单位结算，清收结算款项。

（3）项目总结。

进行施工项目各项指标的分析评价与总结，完成考核与绩效。

（4）资料归档。

整理各类工程与经济资料，向相关部门进行分类移交与归档。

（5）项目保修。

进行工程保修和售后服务，并在保修期完成后清收质量保证金。

（6）项目总结。

进行施工项目的分析评价与总结，至此施工项目生命周期结束。

（7）项目部撤销。

撤销项目经理部，人员组织关系调回企业并接受重新派遣。

第2章 施工项目组织管理

2.1 施工项目管理责任制

项目管理责任制是项目管理的基础，而项目经理责任制则是其核心所在。项目管理责任制以项目目标的达成情况为考核标准，依据考核结果对项目经理和项目经理部团队进行评估和奖惩。

施工企业需要构建项目管理责任体系，明确项目管理组织和人员的职责分工，形成相互协作的管理机制。企业法定代表人应以书面形式授权项目经理部负责人，并推行项目经理责任制。项目经理在授权范围内，对外执行工程承包合同，对内组织项目管理，履行管理职责。企业通过与项目经理部签署《项目管理目标责任书》（表 2-1），明确项目经理部的管理目标和责任，并根据各项目的实际完成情况，开展《项目管理目标责任书》的考核与兑现工作。

表 2-1 项目管理目标责任书

项目名称：　　　　　　　　　　　　　　　　　　　项目经理：

建设单位			合同编号	
施工范围				
利润目标	合同造价			
	责任成本			
	净利润率			
质量目标	巡检得分			
	验收合格率			
工期目标	合同工期			
	责任工期			
安全目标				

2.2　施工项目组织管理概述

2.2.1　项目组织与项目管理责任制的关系

组织机构体现了各生产要素相互结合的结构形式，也就是管理活动中各种职能的横向分工和层次划分。管理制度则是各生产要素相互运作关系的制度表现，即组织机构运行的规划以及各管理职能分工的规则。

项目组织与项目管理责任制相互配合，共同形成了项目管理的关键基础。合理的项目组织架构与明确的管理责任制度相结合，能够提升项目管理的效率和效果，确保项目目标的顺利达成。施工项目经理责任制的成果不仅取决于项目经理部的负责人，还依赖于强大的项目管理组织。构建良好的项目管理机构是有效实施项目管理责任制的前提。

2.2.2　项目组织建立原则

项目经理部的组织机构应根据工程项目的规模、复杂程度和专业特性进行设置，并根据施工任务的变化进行组合优化和动态管理。项目人员的配置应面向施工现场，以满足现场的计划调度、技术质量、成本核算、劳务物资以及安全文明施工等方面的需求。项目岗位的设置和人员数量应根据施工进度和产值完成情况进行动态调整。

2.2.3　项目的规模划分

项目管理组织形式是为了高效完成施工任务而采用的一种组织方式，应与施工项目的性质和规模相适应。建筑装饰装修施工企业应依据所承接工程项目的合同造价、建筑面积、建筑高度以及楼栋数来划分项目类型，可参考项目类型划分标准（表2-2），并结合项目实际情况进行分类。

2.2.4　项目经理部组建、变更及撤销

项目经理部应当以企业的名义进行设立、变更和撤销。各区域工

表2-2　项目类型划分标准

项目类型	划分描述	备注
零星工程	零星改造，维修工程 总造价 10 万元以下	满足条件 之一即可
小型项目	装修施工面积≤1000m² 总造价 10 万～500 万元	
中型项目	装修施工面积（1000～10000m²） 总造价 500 万～2000 万元	
大型项目	装修施工面积（10000～50000m²） 总造价 2000 万～5000 万元 单体栋数高层＞5 栋，小高层及别墅＞10 栋 达不到上述标准但施工技术难度大	
特大型项目	装修施工面积＞50000m² 省级以上重点工程、BT（建设—移交模式）项目 工程造价 5000 万元以上	

程管理部门需向企业的人力行政部门提交关于组建、变更以及撤销项目经理部的请示报告。人力行政部门审核后，将报告呈交领导审阅批准，并下发批复文件。以下是项目经理部组建、变更及撤销的一般流程：

（1）项目经理部的组建。

①确定项目需求和目标：明确项目的范围、要求和关键目标。

②规划组织结构：设计项目经理部的组织架构，确定所需的岗位和职责。

③选拔项目经理：挑选具备合适技能和经验的人员担任项目经理。

④招聘团队成员：根据项目需求，招聘具备相关专业知识和技能的团队成员。

⑤制定工作计划和流程：制定项目的工作计划、沟通机制和决策流程。

⑥培训和启动：对团队成员进行必要的培训，然后正式启动项目。

（2）项目经理部的变更。

①评估变更需求：分析项目情况，确定是否需要对项目经理部进行变更。

②调整组织结构：根据变更需求，对组织结构进行相应的调整。

③重新分配职责：重新定义团队成员的职责和任务，确保与变更相适应。

④更新工作计划：修改工作计划和流程，以反映变更后的情况。

⑤沟通和协调：与相关各方进行沟通，协调变更带来的影响。

（3）项目经理部的撤销。

①完成项目任务：确保项目的所有工作任务都已完成并达到预期目标。

②总结和评估：进行项目总结，评估团队的表现和经验教训。

③解散团队：安排团队成员的后续工作或解散团队。

④知识转移：将项目经验和知识进行整理与转移，为今后的项目提供参考。

⑤撤销项目：正式撤销项目经理部，完成相关的文档和交接工作。

在实际操作中，这些流程可能会根据具体情况进行调整和细化。组建、变更和撤销项目经理部需要有效的管理和沟通，以确保项目的顺利进行和成功完成。同时，也需要遵循组织的相关规定和程序。

2.2.5　项目经理部组织机构

（1）项目经理部岗位设置。

项目经理部岗位职责和任职资格体系是项目标准化管理的基础制度，其明确了各个岗位的核心工作内容、主要责任义务，以及适应岗位工作的资质、素养、经验等条件。

项目经理部应本着贯彻项目职能定位、落实项目管理责任的原则，根据项目工程生产需要、项目职责分解及工作流程等设置岗位。所列岗位应包含各类型项目从组建到撤销过程中，涉及的所有工作和职责对应的岗位名称。各项目经理部在进行人员配备时要充分考虑项目规模大小、客户要求、管理难度、人员素质等因素，随着施工进度逐步进行设立或撤销部分岗位。

（2）项目经理部组织机构图。

项目经理部组织机构可参照通用项目经理部组织机构图（图2-1）

设置，项目经理部组织机构按企业有关规定和程序设置。

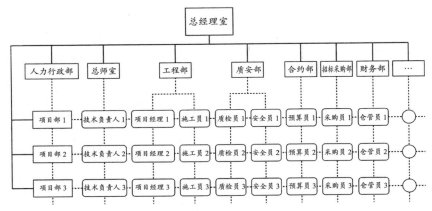

图 2-1 通用项目经理部组织机构图

注：建筑装饰装修施工企业参照图 2-1 建立项目经理部组织机构时，其职能部门及岗位设置应依据项目实际情况进行适当调整。

2.2.6 企业层级项目管理架构

（1）企业管理层成立以企业负责人为主任，分管领导为副主任，相关职能部门负责人为成员的项目管理委员会（简称项管会），负责项目安全生产、质量管理、成本控制、进度管理等重大事项的决策和监督。

企业组织架构及职责划分可参照表 2-3。

表 2-3 企业组织架构及职责划分

机构层面	职责划分
项目管理委员会	1. 制定企业项目管理制度，规范项目管理； 2. 建立企业工程信息（如物资、劳务合格分供方名录、最新工程技术、工法等及项目信息，如在安全、质量、成本、进度管理等方面的最佳项目运作实践）共享平台； 3. 建立战略采购体系（材料物资、劳务等）； 4. 负责审批项目经理部重大技术及工程方案； 5. 负责指导、检查重大项目成本管控、（预）结算等相关工作； 6. 负责对重点项目进行业务指导及审计评价

续表

机构层面	职责划分
区域 工程部	1. 负责项目的监督管理； 2. 执行公司项目管理制度，做好项目经理部的监督管理工作； 3. 负责测定、下达项目责任成本上缴指标，监督、指导项目成本管控及二次经营建立项目运营监控体系（进度、安全质量、物资、工程成本等）； 4. 收集上报项目信息； 5. 对项目进行运营监控
项目 经理部	1. 执行企业关于施工项目管理的制度和规范，健全项目内控体系； 2. 负责组织、实施项目成本管控计划； 3. 执行企业项目工程施工进度计划，确保实现合同工期； 4. 负责组织、实施项目的二次经营，努力提高项目经济效益； 5. 进行工程信息的系统运行维护、管理和支持； 6. 确保工程施工安全、项目工程质量、绿色文明施工； 7. 保证项目工程队伍稳定； 8. 接受上级及政府相关部门的检查指导

（2）企业职能层级项目管理的责任矩阵（表2-4）。

表2-4　企业职能层级项目管理的责任矩阵

序号	工作职能	必要工作事项	市场	投标	工程	招标采购	成控	法务	财务	人力行政
1	组织投标	投标评审	○	★	○		○	○		
		合同评审	○	★	○		○	○	○	
		投标文件资料和有关事项交底		★	○	○	○			
2	组织管理	组建项目经理部			★	○	○			☆
		项目成员绩效考核			○	○	☆			★
		项目管理目标责任书			★	○	○			○
3	前期策划	施工调查			★	○				
		管理交底		☆	★	○	○			
		单元清单和责任矩阵			★	○	○			
		项目管理策划书			★	○	○			

续表

序号	工作职能	必要工作事项	市场	投标	工程	招标采购	成控	法务	财务	人力行政
4	分包/供方管理	准入、考核评价		○	☆	★	○		○	
		限价、结算审批		○	☆	☆	★		○	
		招标、合同		○	☆	★	☆		○	
5	技术管理	施工组织设计和施工方案、竣工文件			★		○			
		测量复核			★					
		试验控制			★					
		科技管理			★					
6	质量管理安全管理环境保护管理	质量体系建立			★					
		安全、职业健康、环境保护体系管理			★					
		事故处理			★			○		
7	进度管理	进度控制			★	○				
8	成本管理	测算、下达、分解、核算、分析			☆	○	★			
		责任成本检查、考核			☆		★			
9	合同管理	合同范本、审批程序	☆	○	○	○	★	○		
10	财务管理	预算、债权债务管理					☆		★	
		资金、税务管理							★	
		经济活动分析、财务决算					☆		★	
11	收尾管理	竣工验收及结算	○		○		○		★	
		尾款清算及保修			○		★		○	
		施工总结及考核评价			★	○	○			○

注："★"主责，"☆"辅责，"○"配合。

第3章 施工项目商务管理

3.1 项目商务策划

3.1.1 项目商务策划概述

施工项目商务策划主要是在项目投标、合约谈判、施工管理、竣工结算的整个项目周期内，根据项目的具体特征，为了实现项目管理效益最大化和风险最小化的目标，进行各项精细化商务管理活动的规划。项目商务策划是规范项目从承接至竣工结算全过程商务活动的有效方法，是项目商务管理的纲领性文件，也是项目盈利的保障措施。

（1）项目商务策划的核心。

项目商务策划的目标是实现项目利润最大化、风险最小化，以及使利益相关者（包括建设单位、施工企业总部、施工项目部、分包分供方、员工等）的利益最大化。具体应围绕"两线""三点"和"四阶段"来展开（表3-1）。

表3-1 项目商务策划核心

"两线"	化解风险、降本增效
"三点"	盈利点、亏损点、风险点
"四阶段"	投标、签约、施工、结算阶段

（2）项目商务策划的编制。

企业商务合约部投标负责人主责投标阶段和签约阶段的商务策划，跟标投标项目的项目经理、商务经理应提前参与到投标阶段、签约阶段的商务策划工作中，而施工阶段与结算阶段的商务策划则应由项目经理主责，区域工程部负责协助编制、动态管理、监督考核。

项目经理部应当组建商务策划小组。在项目经理部主要管理人员到场后的2周内，完成施工阶段商务策划书的编制工作，并报送企业商务合约部门审核。对于工期紧张、合同签订滞后或"三边工程"的项目，可以进行分段策划。项目结算策划应在项目完工前 1 个月内完成编制。

3.1.2　项目商务策划要求

项目商务策划需要做到目标清晰、整体规划、动态管控、阶段调整和重点落实。项目经理部负责对商务策划的实施过程进行动态管理，当条件或环境等因素发生变化时，要及时对原商务策划书进行调整，并在审批通过后实施。项目完工后，各个岗位应对其负责的成本指标实施结果进行对比、分析和总结。

3.1.3　项目商务策划内容

（1）投标阶段商务策划。

在投标阶段商务策划中，需要深入了解建设单位、咨询机构、招标管理机构、当地市场以及竞争对手等方面的具体情况，以此制定投标策略。主要工作包括仔细研究招标文件，熟悉工程所在地的市场行情，测算企业内部的工程成本（投标测算），明确项目的盈亏点。通过运用报价编制技巧和不平衡报价等手段，为中标后的造价调整做好铺垫，同时分析并列出多种报价方案，供决策层参考。

（2）签约阶段商务策划。

在签约阶段商务策划中，重点在于项目风险的识别和防范。尤其是要着重分析合同风险和清单风险。在合同谈判过程中，制定相应的对策以防范和化解合约风险。认真研究承包范围、计价及承包方式、价款调整方式和范围、价款支付方式、工程结算审核程序及时间限制、工期与质量违约等条款，制定合同谈判策略。

（3）施工阶段商务策划。

施工阶段商务策划包括项目盈亏子项分析、项目责任成本分解、项目成本管控策划、项目经营管理策划、项目发包管理策划、项目风险管理策划、项目资金管理策划、项目关系协调策划以及商务策划动态管理。

①项目盈亏子项分析。通过项目施工图预算与合同收入对比，重

点分析投标清单的盈利子目、亏损子目、量差子目，制定相应的实施方案。

②项目责任成本分解。将内部成本控制指标分解到各岗位，明确责任人，签订项目成本目标横向管理责任状，强化内部成本管理，确保项目成本过程受控。

③项目成本管控策划。通过加强内部管理，优化资源配置，在成本测算的基础上，通过技术变更、方案比选或内部控制手段，运用价值工程理论达到降低成本的目的，包括合理的工序优化、税费策划等。

④项目经营管理策划。通过对合同价款的调整与确认、材料的认质认价、合同外工作的签证、总包管理费的计取、甲指分包的管理、工程量量差的争取、方案设计的优化、政策性调整费用的取得、施工方案的变更、新增子项的重新组价与索赔等一系列工作的分析与研究，确定项目经营工作的方向与切入点，制定详细方案，明确目标、责任分工、时间节点及具体措施。

⑤项目发包管理策划。根据施工合同条件，结合项目实际情况，选择合适的管理模式，将投标价与发包价对比分析，制定相应的发包方案与措施。

⑥项目风险管理策划。在投标阶段已识别项目风险的基础上，项目经理部应对风险进行进一步识别，根据风险因素发生的概率与影响程度逐一确定风险对策（包括风险规避、风险减轻、风险转移、风险自留等），明确责任人，过程中积极实施，落实实施效果，使各类风险得到有效管控。

⑦项目资金管理策划。结合施工组织设计以及各项资源配置方案，测算出各阶段工程回款、资金投入时点和投入量、履约保证金回收时点等。制定合理可行的执行方案，平衡项目收支，并根据目标要求和环境变化对方案进行修改、调整。

⑧项目关系协调策划。施工阶段根据各岗位工作性质和需要，进行分工合作，建立全方位、多层次的关系协调网络。

⑨商务策划动态管理。商务策划实行全过程动态管理，监督策划落实情况，并制定后期相应措施。

（4）结算阶段商务策划。

在结算阶段，需要收集和整理结算资料，保证提交的资料前后一致、真实有效。主要包括工程量和单价策划、可能存在争议问题的应对策划、结算工作安排、工程量结算目标、结算人员对接策划等。在结算书报送前，必须确定分包结算值，全面核实项目实际发生的成本，完成保本保利分析，确保已确认的工程成本不再增加。明确结算责任成本、结算确保值、结算报送时间、一审完成时间、二审完成时间、结算责任人，并以此为基础签订结算责任状，制定结算奖惩措施。

3.2　项目投标管理

3.2.1　施工项目招标投标

建设工程招标投标是建设单位通过法定程序和方法，邀请潜在承包单位进行公平竞争，从而选择条件优越的单位来承担建设工程任务的行为。施工项目投标是指施工企业在建筑市场上，根据掌握的市场信息，对相关项目风险进行组织分析和评审，确定并决定按照招标人招标文件的要求参与投标竞争，以获取建设工程承包权的经营活动。

招标实际上是邀请投标人提出的要约邀请。投标是一种要约，具有缔结合同的主观意图，一旦中标，投标人将受到投标书的约束，投标书内容具备使合同成立的主要条件。招标人向中标人发出的中标通知书，即表示招标人同意接受投标人的投标条件，同意接受该投标人要约的意思表示，属于承诺。

3.2.2　市场业务管理

市场业务管理是指企业市场业务部门收集建设单位信息和项目信息，进行登记和跟踪，初步筛选出符合企业经营目标的建设项目，并进行投标立项等与市场业务相关的管理工作。

（1）工程业务信息登记。

梳理建设项目与建设单位基本情况，登记《项目建设方基本信息表》（表3-2）。

表3-2 项目建设方基本信息表

项目名称				
工程地点				
项目规模			投资额（万元）	
项目用途		计划开工时间	计划竣工时间	
基本情况	单位名称		法定代表人代表	
	办公地点		公司规模	
	所属行业		上级单位	
	项目负责人		联系电话	
	社会信誉		合作方评价	
投标时间				
公共关系	姓名	职务	联系方式	关系深度

（2）工程业务信息跟踪反馈。

梳理业务人员对工程跟踪中的各项信息，填写《工程业务信息跟踪反馈记录表》（表3-3）。

（3）工程业务信息放弃跟踪申报。

工程业务负责人在项目跟踪过程中经勘察与评估，项目无承揽可能或承揽后与企业经营目标不符时，应报请企业负责人批准放弃该项目业务的跟踪，并填写《工程业务信息放弃跟踪申报表》（表3-4）。

（4）客户考察申报。

建设单位需到现场了解承包企业情况或在建项目情况时，应由业务跟踪负责人填报考察申请，通知企业管理层及相关职能部门。企业总部或拟考察项目部及相关人员在接到经审批的考察申请后配合市场部做好考察接待工作。《客户考察申报表》可参见表3-5。

表 3-3　工程业务信息跟踪反馈记录表

项目名称		填报时间	
工程地点		业务信息编号	
建设单位			
跟踪负责人		配合施工部门	

（第＿＿＿＿次）跟踪营销情况反馈

访谈对象		现任职务	
访谈参加人员			
访谈方式、时间、地点			
访谈主要内容			
工程业务信息情况（包括但不限于建设单位、设计、承包方式、承包范围、商务条件、招标方式及日程、潜在竞争对手等）			

表 3-4　工程业务信息放弃跟踪申报表

项目名称		申报时间	
建设单位		业务信息编号	
跟踪负责人			
工程业务信息放弃跟踪营销原因阐述			
是否放弃跟踪			

（5）投标立项。

企业商务合约部投标负责人应当组织相关部门对拟投标项目展开投标立项调查。深入了解项目的工程状况、标段划分、招标条件与资格要求、项目资金情况、建设单位资信等信息，包括对项目所在地市场的调查以及对建设单位其他情况的调查等，并对项目进行投标立项登记和审批。

表3-5 客户考察申报表

编号		考察责任人	
建设单位		项目名称	
考察日期			

项目概况：

建设单位人员、职务：

建设单位需了解的各项需求：

接待人员：

拟考察项目	
考察记录	

（6）投标保证金管理。

企业应设专人负责投标保证金的申请、登记、跟踪及到期追回等工作，并对投标保证金的登记及追回信息进行登记（表3-6）。

表3-6 投标保证金登记表

投标保证金类别		项目名称	
投标时间		保证金金额	
业务跟进人		预计退还时间	
跟踪状态			

3.2.3 项目投标管理

项目投标管理是施工企业经营业务中的一项重要环节，是承揽工程项目实现其他相关模块功能的前提。该模块可帮助企业建立投标资源库，并对企业以往投标情况、竞争对手情况进行管理和分析，辅助企业负责人进行投标决策。

（1）投标管理流程。

施工企业通过市场调研，结合业务发展需求制定投标管理标准流程。投标管理工作包括标前调查、组织投标以及标后总结。

①标前调查：企业总部可设立投标评审委员会，主任由企业负责人担任，成员主要包括商务合约部、工程管理部、法务管理部、财务管理部等部门负责人。企业投标评审委员会在投标前组织相关部门对拟投标项目进行标前调查，详细了解项目的工程情况、标段划分、招标条件与资格要求、项目资金情况、建设单位资信等信息，包括对所在地市场环境调查、建设单位情况调查、施工场地情况调查、供应商调查以及竞争对手调查等。参加投标工作的跟标项目经理应参与标前调查和投标工作。

②组织投标：商务合约部是投标工作的主责部门，负责项目投标的主持工作，拟中标履约项目经理应提前参与到配合投标工作中来。投标主管根据项目实况，安排好投标工作的具体任务与完成节点。预先确定施工方案和施工进度，根据招标文件复核或计算工程量。跟标项目经理要整合好项目区域内市场环境与资源造价信息，按时完成项目的材料定样、询价、工程量复核与成本测算工作，并配合做好工地踏勘与技术标工作。跟标项目经理配合投标工作的同时，应提出投标策略性建议，做到提前了解项目商务情况，为实施阶段项目经营做好准备。投标负责人整合各种信息后，与企业负责人敲定标的金额（此阶段应对其他参与人员严格保密）。

③标后总结：招标方开标后，商务合约部投标负责人应收集汇总开标信息，填写《开标情况表》（表3-7），及时对项目投标进行总结，填写《投标总结表》（表3-8），由相关部门汇总、存档。投标评审委员会定期召开投标总结分析会议，分析投标工作中的利弊及竞标单位的报价习惯，提高项目中标率。未中标项目即行终止，中标项目进入项目实施阶段。

（2）投标业务分类。

①投标评审。施工场地情况调查、供应商及竞争对手情况调查等，

并结合《项目建设方基本情况表》，参加投标工作的跟标项目经理应参与标前调查和投标工作，填写《投标评审表单》（附件 3-1）。发起流程后由企业负责人组织各部门负责人会签评审。

②项目投标可行性报告。在通过投标评审后，根据审批完的结果，从《投标评审表单》中摘出其中的风险及各部门审批的相关意见，生成《项目投标可行性报告》（附件 3-2），以此决定项目是否投标。

③主材询价。在投标阶段由业务部门对项目主材进行询价估算（表 3-9），主材询价信息和后期招标进行相互关联，是后期招标过程中主材价格控制的重要因素。主材询价时应包括规格型号、材料的具体描述、供应商信息、电话等信息。

表 3-7　开标情况表

项目名称：　　　　　　　　　　　　　　　　　　　日期：

工程地点				开标时间			
单位名称	报价（万元）	暂定金（万元）	报价与基础预算的降幅（%）	报价与招标控制价的降幅（%）	名次	备注
合计						
招标控制价						
一次平均值						
二次平均值						

填表基础数据说明：

基础预算（不包括暂定金）：_____ 元；

招标控制价（不包括暂定金）：_____ 元，相当于基础预算下浮 _____ %；

成本价（不包括暂定金）：_____ 元，相当于基础预算下浮 _____ %，相当于招标控制价下浮 _____ %。

评标办法：

①有效投标报价：在招标控制价下且经商务询标评审合格的投标人报价；

②成本控制价的确定：_____

③入围程序：_____

④入围递补程序：_____

⑤推荐中标候选人：_____

表3-8 投标总结表

项目名称			
工程地点			
建设单位			
质量要求		工期要求	
是否中标			

投标情况总结

参加投标单位	投标总价（万元）	工期承诺	质量承诺	备注
合计				
经济标排名		技术标排名		
中标/未中标原因分析				

表3-9 主材询价对比表

项目名称：　　　　　　　　　　　　　　　　日期：

材料名称（按供应商分别单列）	品牌	单位	数量	投标阶段		招标控制价		施工阶段	
				单价	合价	单价	合价	单价	合价

④投标文件复核。商务合约部投标负责人按招标文件要求完成标书的准备与填报之后，即可向招标人正式提交投标文件。在投标时需要注意以下内容，包括投标的截止日期、投标文件的完备性、标书的

签章与密封标准、是否需要提交投标担保等。

⑤开标情况统计。商务合约部投标负责人应及时跟踪并反馈中标结果，登记开标记录内容，进行投标总结。分析、归纳、总结历次项目的投标情况与规律，为后期市场竞争投标策略提供数据支持与参考。

⑥投标结果登记。对投标的工程项目做信息登记，填写《投标结果登记表》（表3-10），并登记是否中标。

表3-10　投标结果登记表

项目名称		投标日期	
所属区域工程部		投标编号	
投标结果		中标日期	
甲方合同编码		中标造价（元）	
合同签订日期		合同工期（天）	
计划开工日期		计划竣工日期	

⑦投标总结。工程开标后，商务合约部投标负责人应收集汇总开标信息，填写开标记录，及时对项目投标进行总结，填写《投标总结表》，由相关部门汇总、存档。投标评审委员会定期召开投标总结分析会议，分析投标工作中的利弊，提高后续项目中标率。未中标项目即行终止，中标项目进入施工合同签约阶段。

3.3　项目合同管理

3.3.1　项目合同管理概念

合同管理在施工项目管理中至关重要。建设工程施工合同是明确建设单位和施工单位权责的协议，施工单位按合同要求完成施工任务，建设单位按规定提供条件并支付工程款。合同管理实则是对合同策划、签订、执行、变更和解除等过程的动态管控，主要工作包括确定施工任务委托和承包模式、选用合同文本、确定计价和支付方式、监控合同履行及处理索赔等。高效的合同管理有助于施工项目顺利进行，减少争议和风险，保障各方利益。同时，合理的合同管理还能提高项目经济效益和社会效益。

3.3.2　施工合同文件内容

施工合同文件包括：合同协议书；工程量及价格；合同条件，包括合同一般条件和合同特殊条件；投标文件；合同技术条件（含图纸）；中标通知书；双方代表共同签署的合同补遗或会议纪要；招标文件；其他双方认为可作为合同组成部分的文件，如投标答疑与澄清函件、双方往来函件等。

3.3.3　施工合同评审

在评标结束后，招标人会确定中标人并发出中标通知书。接着，招标人和中标人将依据中标通知书、招标文件以及中标人的投标文件等，订立书面合同。

在合同订立之前，施工企业内部应当组织对施工合同进行评审。评审的内容可以包括：合同主体的资格是否真实、合法，其资信状况是否全面、可靠，是否具备履约能力，合同的预期目标，合同中存在的预期风险、防范风险措施的可行性，合同条款的严谨性、规范性、合法性，以及与招标文件的一致性等。

3.3.4　施工合同洽商与签订

施工合同应建立在自愿协商、平等互利、公平合理的基础上。在明确中标人并发出中标通知书后，双方应就建设工程施工合同的具体内容和有关条款展开合同条款的洽商谈判。缔约双方在各自的具体条件下，经充分协商取得一致意见后，采用书面形式签订合同并签字盖章。

（1）合同洽商的主要内容。

①合同内容和范围。双方就招标文件中的工作内容进行讨论、修改、明确或细化，从而确定工程承包的具体内容和范围。

②技术标准和施工方案。双方就技术要求、技术规范和施工方案

等进行进一步讨论和确认，必要的情况下可引导建设单位变更技术要求和施工方案。

③合同计价方式。依据计价方式的不同，建设工程施工合同可以分为总价合同、单价合同和成本加酬金合同。合同谈判阶段进一步明确有利的计价方式。

④价格调整条款。对于工期较长的工程，易受货币贬值或通货膨胀等因素的影响，可能给承包人造成较大的损失。价格调整条款可以比较公正地解决这一承包人无法控制的风险损失。承包人在合同谈判阶段务必对合同的价格调整条款予以充分的重视。

⑤付款方式条款。施工合同付款大致分为预付款、工程进度款、结算款和质量保证金退还四个阶段。关于支付时间、支付方式、支付条件和支付审批程序等对承包人的成本、进度等产生比较大的影响，故合同支付方式条款是谈判的重要方面。

⑥工期和维修期。双方应根据招标文件要求的工期，或根据投标人在投标文件中承诺的工期，并考虑工程范围和工程量的变动对工期的影响，明确实际的开、竣工日期。双方应根据各自项目准备情况、季节和施工环境因素等条件洽商适当的开工时间。对于具有较多单项工程（或单栋）的项目，应在合同中明确各具体单项（单栋）工程的开、竣工日期，允许分部位或分批次提交验收，并分批次起算质量保修期与缺陷责任期。双方应通过谈判明确合理延长工期的条件。

（2）合同签订的主要流程。

①合同草拟。根据达成一致的合同原则，依据招标文件和中标通知书草拟合同条款，合约双方经实质性谈判与协商确立双方具体权利与义务，形成合同条款。

②合同签署。确认发包人或委托代理人的法人资格或代理权限，参照施工合同示范文本和发包人拟定的合同条件，与发包人订立施工合同，订立的合同内容要详尽具体，责任义务明确，条款严密完整，文字表达准确规范。

③合同备案。合同签署后，应在合同规定的时限内完成履约保函、预付款保函、有关保险等保证手续，同时交企业总部进行合同备案。

3.3.5 施工合同履行

作为施工项目合同的履行主体，项目经理部需要按要求组织各种生产要素资源，做好施工准备工作，并按照施工进度计划及时进场。项目经理部还应组织相关人员在每月月末对工程项目的合同履行情况进行分析。对于发现的问题，要制定相应的措施进行积极改进和落实，并做好记录，将其作为主要内容列入《项目经理部月度报告》（附件 3-4），上报企业工程管理部。对于重点监控的合同，应按要求填写《合同履行风险动态监控月报表》（附件 3-5）。当工程具备竣工验收条件，在正式移交之前，应对施工合同的总体履行情况进行履约总结评审。

（1）合同交底。

合同签订后，应当由熟悉合同签订背景、了解合同条款的主责部门向具体履行合同的项目经理部全体成员以及企业各职能部门相关人员进行交底，并填写《施工合同交底表》（附件 3-6）。

交底内容应针对工程的承包范围、质量标准、工期要求、承包人的义务和权利、工程款的结算和支付方式与条件、合同变更、不可抗力影响、物价上涨、工程中止、第三方损害等问题产生时的处理原则和责任承担、争议的解决方法等重要问题进行合同分析，并对合同内容、风险、重点或关键问题进行特别说明和提示。

（2）合同过程管控。

项目经理部负责全面收集、分类处理各类合同实施信息。定期对合同实施中出现的偏差进行定性、定量分析，通报合同实施情况及存在的问题。根据合同实施偏差结果制定合同纠偏措施或方案，在授权范围内实施。

（3）合同变更管理。

在合同履行期间，要注意收集和记录各种与合约条件不符或超出责任范围的证据。当发生不可抗力时，应在能力范围内迅速采取措施，以尽量减少损失。同时，在不可抗力事件发生过程中，要定期报告受灾情况。

如果不可抗力导致合同无法履行或无法完全履行，应及时向企业总部报告，并在委托权限内依法及时进行处理。在合同履行期间，如果发生变更、转让、中止、终止、解除等情况，应及时通知对方当事人，并在与对方达成一致意见后签订补充合同，完善相关手续。

（4）合同纠纷处理。

合同纠纷是指当事人双方在合同的订立、履行以及不履行合同所产生后果等方面出现的争议。当发生合同纠纷时，项目经理部应立即向企业的法务部门或主管领导报告。当收到司法部门或行政执法机关送达的各类法律文书时，应及时交由企业法务部门统一备份或保管。解决纠纷的方式包括和解、调解、仲裁和诉讼等。

（5）合同资料管理。

合同资料包括合同签订前和履行过程中涉及的所有文件、信函、记录、会议纪要、补充合同、标准、规范、图纸、报表、照片、影像、数据电文等一切与合同相关的资料。项目经理部应建立严格的收发文制度，根据合同资料的性质安排专人分类保管；指定专人签收并对与合同相关的各类函件进行登记和编号；还应按照相关规定在不同时间点对合同资料进行归档。

3.4　项目成本管理

3.4.1　项目成本管理概念

项目成本管理是在施工项目成本形成过程中，根据既定的成本目标，对各项生产经营活动进行指导、调节、限制和监督。通过特定的控制方法，将施工生产费用控制在目标预算范围内。若出现偏差，需及时分析原因、制定对策，并采取有效措施降低成本，以确保成本目标的达成。项目成本全面反映了施工企业经营管理工作的综合情况，因此，施工项目成本管理是施工项目管理控制的核心。

3.4.2　项目成本科目组成

项目成本是施工企业以施工项目作为成本核算对象，在施工过程中所消耗的生产资料转移价值和劳动者创造价值的货币表现形式，即项目实施过程中发生的所有生产费用总和（附件 3-7）。项目成本包括原材料、辅助材料、构配件等材料费；周转材料的摊销费或租赁费；施工机械的使用费或租赁费；支付给生产工人的劳务费；以及组织施工的措施费和企业管理所产生的全部费用支出等。

项目成本由直接成本和间接成本构成。直接成本是指在施工过程中消耗的、构成工程实体或有助于工程实体形成的各项费用支出，是可以直接计入工程对象的费用，包括人工费、材料费和施工机具使用费等。间接成本是指为准备施工、组织和管理施工生产而产生的全部费用支出，它不是直接用于或直接计入工程对象的费用，但却是施工所必须发生的费用，包括管理人员工资、办公费、差旅交通费等。

3.4.3　项目成本管理要素

影响项目成本的主要因素有发包模式与发包价格、材料采购价与消耗量、施工技术方案与资源配置、项目工期与进度安排、质量标准与施工控制水平、施工安全状况、临时设施方案与标准、项目外部环境、项目资金支付情况、技术创新能力与应用、项目管理体制与管理水平等，项目成本管理应将上述要素内容作为工作重点。

3.4.4　项目成本管理体系

项目成本管理体系的建立是成本管理中最关键的基础工作，它涵盖了一系列与成本管理相关的组织制度、工作流程、业务标准和责任制度的建立。在施工企业中，商务合约部是成本管理的管控层，主要负责制定企业的成本管理制度，构建成本管理体系，建立和运用项目管理信息平台，同时组织、检查、督导、协调和监督工程项目的成本管理工作。商务合约部应指导项目经理部开展成本管理工作，组织测定并下达项目责任成本指标，检查、指导和监控项目的成本计划、过程控制以及核算分析，审批合同、结算等事项，并负责对项目经理部进行绩效考核及奖惩兑现。

项目经理部是成本管理的主要责任方和执行层，负责制定项目经理部的成本管理实施细则，实行以项目经理为第一责任人的成本管理责任制。参与责任成本测算，贯彻执行上级部门的各项成本管理制度，分解成本管理目标，具体负责成本计划、成本过程控制和核算分析，确保全面完成上级部门下达的责任成本目标和利润目标。

3.4.5 项目成本管理职责分工

项目经理部相关人员根据成本要素的构成，做好成本管理的各项工作，详见项目成本管理责任矩阵（表3-11）。

表3-11　项目成本管理责任矩阵

序号	成本项目		成本管理工作内容	项目经理	施工员	质安员	采购员	预算员
1	分包成本	分包单价	控制公司限价以外的分包单价的合理性	★				☆
		结算数量	控制收方数量，确保其质检合格、计算规范、结果准确		★			☆
		扣款	控制领料、水电费、罚款等扣款及时、准确		★			☆
2	材料费	材料单价	控制公司采购范围以外的材料采购单价的合理性	★			☆	
		材料质量	控制进场材料质量符合设计及规范要求		★		☆	
		材料消耗量	控制材料消耗量在成本范围内		★			☆
		周转材料配置方案	控制周转材料配置方案，确保其技术可行、安全、经济合理	★	☆		☆	☆
3	现场经费	临时设施费	控制临时设施方案，确保其满足生产需要、经济合理	★	☆			
		管理服务人员工资	控制管理服务人员数量，确保其满足管理要求、适度精减	★				☆
		办公费等	控制办公设施配置方案，确保其满足使用要求、尽量节约	★				☆
		招待费	控制招待费用量，确保其满足经营需要、尽量节约	★				☆

序号	成本项目		成本管理工作内容	项目经理	施工员	质安员	采购员	预算员
4	技术	技术措施、组织措施等费用	施工方案的经济性		★	☆		

注:"★"为主责部门,"☆"为辅责部门。

3.4.6 项目成本管理程序

施工项目成本管理通常包括成本测算、成本计划、成本控制、成本核算、成本分析和成本考核等环节。这些环节相互依存、相互促进,共同构成了项目成本管理的系统工程。成本测算为成本控制提供数据支持,成本计划为成本控制提供依据,成本核算为成本控制反馈信息,成本分析为成本控制反映关键要点。显然,成本控制是成本管理的核心,也是最重要的环节。只有抓好成本控制,才能落实其他成本管理环节,推动项目成本不断降低。

(1)项目成本测算。

项目成本预测是成本管理事前控制的首要环节,预测成本的发展趋势,为成本管理决策和编制成本计划提供依据。成本测算分为投标前成本测算和中标后责任成本测算两类,中标后责任成本测算过程即为责任成本预算编制过程。

①施工图预算的编制。施工图预算的编制,应遵循量价分离的原则,以招标文件约定的工作内容为依据,以施工图为工程量计算依据,按合同计价原则形成预算书。清单计价的项目,施工图预算应包含分部分项清单、措施项目清单、其他项目清单、规费、税金、单价分析表、工程量汇总等;定额计价的项目,施工图预算应包含定额直接费部分、工料机与价差汇总表、取费部分、工程量汇总表等。工程量需分层、分工作内容汇总,并保留好计算底稿。同时,填报《施工图预算与工程量清单数量对比表》(表3-12)。

②投标前成本测算。在项目投标阶段,跟标项目经理及项目管理团队应参与商务标与技术标的编制工作。商务报价应以精装的成本测

表 3-12　施工图预算与工程量清单数量对比表

项目名称：

项目编码	分项名称	清单项目特征描述	单位	清单工程量	施工图工程量	量差

算为前提，以确定合理的报价策略。投标阶段的成本测算，由参与投标的各专业人员按要求进行标前调查，重点做好项目现场的施工措施条件、地域市场的资源配给价格等成本要素调查工作，并将其作为标前成本测算的依据。

③中标后责任成本测算。中标后的责任成本测算又称为责任成本预算的编制，是在项目中标后，企业商务合约部应组织测算项目责任成本，或项目经理部测算责任成本报商务合约部审核后确定。责任成本预算应在施工图预算的基础上编制、测算。工、料、机消耗量根据定额确定，定额缺项时，根据施工图和施工规范要求进行分析补充，结合现场实际进行调整。各种资源单价在施工调查的基础上，结合企业价格体系限价确定。

④责任成本预算的审批与下达。完成项目责任成本预算后，经项目经理部团队协商无误，报企业总部审批后下达，作为《项目管理目标责任书》的商务部分指标，由项目经理部付诸实施。《项目管理目标责任书》中应明确项目责任成本、利润、现款上缴及安全、质量等各类指标。由企业总经理代表公司与项目经理（或项目经理部代表）签订，原则上开工后 1 个月内必须完成《项目管理目标责任书》的签订工作。对于施工过程中发生重大合同价款调整的项目，企业可以结合实际情况对责任成本指标进行调整。

（2）项目成本计划。

项目成本计划是对成本进行计划管理的关键环节，是成本管理工作的具体规划和行动指南，也是建立施工项目成本管理责任制、开展成本控制和成本核算的基础。施工项目成本计划的编制以成本测算为基础，其关键在于确定成本目标。在制定成本计划时，需要结合施工组织设计的编制过程，通过不断优化施工技术方案和合理配置生产要素，对工、料、机的消耗量进行分析，制定施工成本节约措施，进而确定施工项目的成本计划。成本计划包括责任成本分解和项目成本计划的制定，经批准的项目成本计划中的各项指标，将成为成本控制、成本分析和成本检查的依据。

①责任成本分解。施工企业下达责任成本预算后，项目经理组织相关人员以分部分项工程（或建立项目单元清单）为单位进行分解，作为责任成本控制的标准和拟定项目成本计划的基础。

②结合施工方案。正确的施工方案可以实现合理组织施工、提高劳动生产率、改善材料供应、降低材料消耗、提高机械利用率、节约施工管理费用等。

③匹配其他计划。成本计划应与施工方案、生产进度计划、财务计划、材料供应计划等密切匹配，保持平衡。各项计划在编制时应密切配合，考虑降低成本要求。

④成本计划编制。项目经理部在责任成本分解的基础上，依据审定的实施性施工组织设计，经过市场调研、分析、比较、论证和测算后，将各分部分项工程（或项目单元清单）成本控制目标和要求、各成本要素的控制目标和要求，连同控制措施一并落实到责任者，编制《项目成本控制及措施计划表》（表3-13），明确各项成本要素能够达到的最大降低额、降低率及责任部门（或责任人）。责任成本分解及成本计划应以《项目岗位责任书》的形式下达到各岗位。

（3）项目成本控制。

项目成本控制是企业全面成本管理的核心环节，是实现成本计划的重要手段，应贯穿于项目从投标阶段到投标保证金返还的整个过程。项目经理部应根据成本计划，对构成项目成本的各种要素进行有效控制、持续检查、收集信息、对比数据、发现偏差、分析原因、采取纠偏措施，以达到成本目标。成本控制的前提是明确项目经理部各部门、各岗位的职责和权限，遵循全员参与、全过程管理、开源与节流相结

表 3-13　项目成本控制及措施计划表

项目名称：

序号	费用名称	合同成本（元）	责任成本（元）	降低额（元）	降低率（%）	责任部门（人）
1	劳务分包费					
2	材料费					
其中	（1）…					
	（2）周转材料费					
3	机械使用费					
4	专业工程分包费					
5	其他直接费					
其中	（1）安全措施费					
	（2）临时设施费					
	（3）其他费用					
6	间接费					
7	甲指分包配合费					
8	税金					
9	合计（∑1~8）					

降低额＝合同成本－责任成本

降低率（%）＝（合同成本－责任成本）/合同成本 ×100%

注：
1. 费用名称可根据实际情况调整。
2. 成本控制对象可以采用工程量清单中的分类单项，或者根据工程实际成本构成内容进行分类分析。

合的原则，进行动态管理和控制。

①劳务与专业分包价格的控制。劳务与专业分包队伍应由企业统一组织招标，对于纳入企业合格分包方名册中的分包队伍有资格参与投标报价，并经企业评标小组评审后确定中标。分包单价应严格控制在企业分包指导限价内。劳务分包中涉及零星用工的应在合同中明确用工单价，在施工过程中要严格控制用工数量，未经审批的零星用工，不得纳入分包结算。

②材料采购价与消耗量的控制。对用量大、规格单一的大宗物资应由企业统一组织战略招标，集中供应。材料消耗量应在实施过程中逐步收集整理，形成企业内部的消耗量标准。项目经理部应加强材料的计划、采购、验收、领用、消耗、核算等各环节的管理；实行限额发料制度，加强材料核算，定期清查盘点；加快项目周转材料的周转次数，降低周转材料成本。

③施工方案的优化。项目经理部应贯彻"方案决定成本"的指导思想，科学制定施工方案，优化施工工艺，合理配置资源，以技术经济比选为前提，综合项目工期、进度、质量等因素来确定最优施工方案。

④现场管理费的控制。企业应组建精干高效的项目经理部管理团队，人员定岗定编，制定现场管理标准，严格控制现场管理费支出，实时控制项目支出与收入比。

⑤税费控制。企业财务管理部与项目经理部应研究项目当地税收优惠政策，做好退税和增值税抵扣等工作；研究各地工伤保险等政策，合理缴费、退费，积极维护企业经济效益。

（4）项目成本核算。

为确定工程项目的盈亏状况，及时改进工程项目成本管理水平，最终实现降低成本支出、提高项目利润水平的目标，项目经理部应定期将施工项目发生的施工费用支出和工程成本与总部下达的责任成本（或项目编制的成本计划）进行对比分析，找出差异，确定项目当前的盈亏情况。具体过程可详见《项目成本核算表》（表3-14）。会计核算人员要严格按照《企业会计准则》的规定，真实、准确、及时地进行成本核算，为成本管理的各个环节提供必要的资料，以便于进行成本预测、决策、计划、分析和检查工作。

表 3-14 项目成本核算表

费用名称		合同成本（万元）			责任成本（万元）			实际成本（万元）			节超分析（万元）		
		数量	单价	合价	数量	单价	合价	数量	单价	合价	数量	单价	合价
1	劳务分包费												
2	材料费												
其中	（1）…												
	（2）周转材料费												
3	机械使用费												
4	专业工程分包费												
5	其他直接费												
其中	（1）安全措施费												
	（2）临时设施费												
	（3）其他费用												
6	间接费												
7	甲指分包配合费												
8	税金												
9	合计												
	当期施工进度												
	当期核算结论												

注：本表只列了责任成本与实际成本的对比情况，计划成本与实际成本的对比表可参照本表，以计划成本替换责任成本列。

成本核算的内容包括：

①工程收入的确定。项目预算员在每月 25 日按施工员提供的实际

施工进度,编制内部验工计价,作为当前工程收入,并按人工费、材料费、机械费、其他直接费、间接费、其他费用、税金费用分劈。

②工程成本的确定。对施工中各成本形成和费用支出进行汇总、对比、计算、审核。全费用成本构成大致包括:

人工费,包括劳务费及专业分包费,由劳务承包人每月 25 日前申报验工,经项目施工员验收,项目预算员审核确认后,出具劳务分包过程结算单,企业商务合约部内审员审定后报财务管理部。

材料费,包括原材料、辅助材料、结构件、零件、半成品、周转材料的摊销及租赁费等。每月 25 日前,由项目物资相关人员负责提供材料采购、点收、发料台账及《项目经理部资金使用台账》(附件 5-1),并牵头组织项目预算、技术等相关人员完成未使用的材料及半成品的盘点工作,并出具与工程进度一致的材料使用资料(如材料采购单及盘点确认资料等),经企业商务合约部内审员审定后报财务管理部。

其他直接费,包括材料二次搬运费、施工用水电费、检验实验费、冬雨期施工增加费、夜间施工增加费、生产工具用具使用费等。由企业商务合约部依据有关部门报送的资料及项目实际发生的费用进行审核后报财务管理部。

间接费,包括项目管理人员工资及附加、奖金、工资性补贴、办公费、差旅费、低值易耗品摊销费、固定资产使用费、工程保险金、保修费等各种政府性费用。由企业人力行政部依据有关部门报送的资料及项目实际发生的费用进行确定后报财务管理部。

税金,按国家税法相关规定,应缴并实际缴纳的各项税费计入税金成本,包括抵扣已提交并通过认证的进项税后应交增值税及相关附加税费等。"营改增"计税项目按实际确认的销项税抵扣已提交并通过审核的进项税后增值税计入税金成本。

③成本核算结论。项目成本核算的结论即为责任成本收入与实际成本之差。大于零,表明项目实际成本控制在责任成本(或计划成本)内,项目预期利润目标可以实现;小于零,表明项目实际成本大于责任成本(或计划成本),项目预期利润没有实现,项目存在无法完成总部下达责任成本的风险。

（5）项目成本分析。

项目成本分析是在成本形成过程中，根据成本核算资料对施工项目成本进行的深入剖析和对比。其将实际成本与责任成本、计划成本、预算成本以及历史类似项目的成本进行比较，以检查成本计划的完成情况。通过分析成本变动的主客观因素，揭示项目成本变化的规律，寻求进一步降低成本的方法，包括挖掘有利偏差和纠正不利偏差，从而提高成本管理水平。项目成本分析应与成本核算配合进行，内容详见《项目成本费用盈亏分析表》（表 3-15 ）。

表 3-15 项目成本费用盈亏分析表

费用名称	总体盈亏 （万元）	工程量盈亏 （万元）	单价盈亏 （万元）	盈亏分析
劳务分包费				
主要材料费				
周转材料费				
专业分包费				
其他直接费				
间接费				
税金				
合计				
纠偏措施				

（6）项目成本考核。

项目成本考核是指施工企业在年度末或项目竣工后，对项目管理团队在主要材料费、人工费、措施费、现场管理费以及技术方案执行情况、资金使用情况、项目关账情况、合同结算情况等方面进行检查。然后按照《项目管理目标责任书》中的相关规定，将实际成本指标与计划、定额、预算进行对比和考核，评定项目成本计划的完成情况以及各责任者的绩效，并据此给予相应的奖励或惩罚。

通过成本考核，实现有奖有罚、赏罚分明，能够有效地调动员工努力完成责任成本的积极性，降低施工项目成本，提高企业的效益。成本考核通常分为年度责任成本考核和期末责任成本考核两部分。

①年度责任成本考核。指经企业商务合约部牵头组织财务等其他相关部门，在年度末对项目进行成本核算，确定成本及利润情况的过程。是企业对项目管理团队进行年度绩效考核的重要依据之一。

②期末责任成本考核。指工程竣工后，由企业商务合约部牵头组织财务、审计等其他相关部门，依据《项目管理目标责任书》，对项目整个施工期内各项成本指标完成情况进行考核，是确定项目管理团队最终绩效薪酬的重要依据之一。期末责任成本考核的前提是竣工结算确认、分包结算全部完成及项目成本封账，任何一项工作未完成的，不得开展期末责任成本考核工作。

3.5 项目经营管理

3.5.1 项目经营管理概念

项目经营管理是指在项目实施过程中，施工企业以扭亏为盈、提高效益为目标，围绕商务策划实施开展的经济和技术管理工作。具体包括设计优化、变更洽商、工程索赔等方面。在开展项目经营工作时，应遵循"依法合规""效益优先""统筹兼顾"的原则。

3.5.2 设计优化

设计优化是指施工企业以"加快竣工""降低工程施工、维护或运行的费用""提高竣工工程的效率或价值"等为契机，向建设单位（或设计单位）提出对工程设计或施工组织设计进行变更、调整的合理化建议，经认可并实施后，实现自身"扭亏增盈"目的的经济技术活动。

（1）项目经理部开展设计优化，应首先进行经济技术和风险评价，确保设计优化可切实提升项目综合效益，防止因设计优化导致工程安全、质量、进度风险增大。

（2）项目经理部应根据实际情况，以书面或口头等形式向建设单位和设计单位反映设计优化建议。

（3）设计优化需取得建设单位和设计单位的书面确认意见或设计变更通知后方可实施。项目经理部应明确各方责任，完善设计文件，调整施工生产，切实落实设计优化。

（4）设计优化引起合同价格调整的，项目经理部应同时与建设单位进行沟通，明确合同价款增（减）具体金额，达成补充协议后，现场方可正式实施。

3.5.3 变更洽商

在工程施工过程中，当建设单位或设计单位以设计变更文件或工程变更指令等形式对工程设计或施工提出变更要求时，项目经理部应该谨慎对待，并积极开展变更洽商，以争取获得良好的经济效益。在接到设计变更通知后，应及时组织进行经济技术和履约风险评估，全面分析实施变更对工程安全、质量、进度、自身效益和风险管控等方面可能产生的影响。

（1）项目经理部应根据分析评价结果，及时对变更指示做出书面回应，或提出不能照办的理由（应附依据）；或提交因变更引起的竣工时间、合同价格的调整建议；或提交修改的变更建议。

（2）在建设单位对变更后价格或费用补偿、进度计划、竣工时间的调整等问题做出有效确认前，项目经理部应积极敦促建设单位加紧办理确认手续，并谨慎实施变更工作内容。

3.5.4 工程索赔

工程索赔是指在施工过程中，由于建设单位（包括设计单位、监理单位、其他承包人、甲方指定分包或政府对建设单位的指令行为）未能履行合同约定，或者由于不可预见的物质条件、异常恶劣的气候条件、不可抗力等原因，导致工程竣工延误或可能延误以及费用增加的情况下，施工企业按照约定的程序，向建设单位要求延长竣工时间、增加或调整工程价款的经济活动。

（1）出现索赔事件后，项目经理部应高度重视，及时采取措施控制进度、质量、安全风险，并有效控制项目成本支出，降低分包商和供货商的违约风险。

（2）项目经理部应认真组织证据收集和资料整理工作，提前开展经济效益分析和风险评估，制定详细的索赔协调沟通方案。重大索赔事项，应及时向企业总部汇报相关情况。经同意后，向建设单位发出索赔文件。

（3）项目经理部应按照合同约定的程序，在规定时间内发出索赔通知、索赔报告等文件。在索赔过程中，项目经理部应与各有关单位加强沟通，恰当地提供相关依据和资料，确保资料的合理性和有效性。

3.5.5　项目经营指导监督

项目经理部需要对项目经营事项中可能存在的风险因素进行详细的研究和评估，对于重大问题应向企业相关部门和主管领导汇报。企业相关部门则对项目的经营事项进行检查和指导，认真审查各项目的经营策划，提出明确的指导意见和建议，并对风险较大的项目经营事项进行动态的监督和管控。这样可以及时发现问题并采取措施，降低风险，确保项目经营的顺利进行。同时，通过企业相关部门的指导和监督，项目经理部可以更好地执行经营策划，提高项目经济效益。

3.5.6　项目经营争议解决

对于重要的洽商签证、索赔事项长期得不到解决，项目沟通也没有效果，应及时向企业总部汇报。此时，适合采取高层谈判沟通的方式来解决问题。如果友好协商无果，经企业总部同意，项目可以采取暂缓施工、中止合同、申请调解等措施；或者经企业总部同意，启动终止合同、申请仲裁或诉讼等程序。

3.5.7　项目经营资料管理

项目经营工作的成败除取决于客观事实与经营策略外，很大程度上也取决于经营资料的管理。项目经理部应安排专人收集、归档和管理项目经营的相关文件、资料，专人起草报送合同各相对方经济与技术文件。项目经理部发文应规范、准确，依据充分，按合同约定或通用格式编制《变更设计建议》《工程联系单》《工程洽商单》《索赔通知》《索赔报告》《会议纪要》等文件、资料。

（1）所有发文和报送资料需经项目经理审核同意后方可发出；有关设计优化、变更洽商、工程索赔的文件、资料，应经项目施工主管、项目经理共同审查后方可报送。报送的文件、资料，应要求其他合同相对方相关人员进行签收，并做好记录。

（2）建设单位（包括监理、设计等单位）的所有指示，均应以合同约定和（或）通用的形式进行传递，并递交项目经理本人或其指定的收发文人员。

3.5.8 签证事件枚举及相应责任人

签证事件枚举及相应责任分配可参见表3-16。

表3-16 签证事件枚举及相应责任分配表

序号	项目	内容	签证经办及责任人
1	合同范围的变更	甲方增加或减少合同工作内容，引起相应费用和工期增加	施工主管
2	设计变更	设计漏项、结构修改、装修变更、提高质量等级等	施工主管
3	技术措施费	合同价中未包括的技术措施费和超越一般施工条件的特殊措施费用	施工主管
4	甲供材	甲供材不符合设计要求	施工主管
5	工程质量	建设单位要求的质量奖项、验收标准及要求获得比合同要求更高的奖项	施工主管
6		工程质量因甲方原因达不到合同约定的质量标准	施工主管
7	计划任务变更	计划任务变更造成临时人工遣散和招募费用损失	施工主管
8	检验、试验费用	设备材料复检及试验费，包括新结构、材料的试验费、建设单位供应不带合格证的设备、材料的检验，或建设单位要求对具有出厂合格证明的材料进行检验，对构件进行破坏性试验及其他特殊要求检验、试验费用	施工主管

续表

序号	项目	内容	签证经办及责任人
9	检验、试验费用	根据设计或工艺要求增加的加工和试验费，如样板段试验的费用	施工主管
10	工程量量差	固定单价合同形式，图纸与清单工程量差异调整	项目预算员
11	材料价差	合同中约定的暂估价材料和专业分包，施工过程中需要甲方进行限价；甲方指定档次或品牌的材料价差	项目预算员
12	图纸差异	施工图与招标图之间差异的调整，固定总价合同形式项目，工程量的调整，措施费用的调整；固定单价合同形式、预结算制项目措施费用调整	项目预算员
13	竣工图编制费	合同约定总承包方提供竣工图，但不是免费提供，而是有偿提供	项目预算员
14	措施费用调整	对合同外工作内容措施费用进行调整，还包括结构改变、功能变化、建筑面积变化、材料替换四个方面措施费用调整	项目预算员
15	甲方影响工期	不仅要对措施费用进行补偿，而且由于甲方延误工期导致的人工、主材价格市场波动也要进行调整	项目预算员
16	政策调整	因国家政策调整和市场价格波动引起的费用增加	项目预算员
17	返修、加固和拆除	因设计或建设单位等原因，需对工程进行返修、加固和拆除	施工主管
18	交叉施工干扰增加费	由于建设单位原因造成几家施工单位发生平行立体交叉作业，影响工效，采取措施等发生增加费	施工主管
19	赶工措施费	由于建设单位要求工期提前，工程必须增加人、材、机等的投入而增加的费用及夜间施工增加费	施工主管
20	图纸延期给付	由于图纸资料延期给付，无法调剂劳动人数，停滞的机械设备的费用	施工主管
21	停窝工损失	由于建设单位责任（如供应材料、设备、器具未按时供给，指定分包未及时进场，未及时提出技术核定单、计划变更、增减工程项目、变更设计、改变结构、停水、停电、未及时办理施工所需证件及手续等因素）造成停窝工的	施工主管
22	机具停滞损失	因建设单位原因造成施工机具（包括解除车辆运输计划合同损失）停滞费用	施工主管

续表

序号	项目	内容	签证经办及责任人
23	不可抗力	因不可抗拒力、自然灾害等造成的损失	施工主管
24	未包括费用	非我方原因造成的未包括在预算内的费用，如"三通一平"未达设计要求而造成的工期、费用的增加	施工主管
25	指定分包	建设单位指定分包引起的总包和其他分包的损失及工期延误	施工主管
26	甲方指令	甲方错误指令或者前后指令不统一	施工主管
27	保修	保修期间非承包原因造成返修	施工主管
28	不能按期提交"建筑工程施工许可证"	建设单位未按期提交"建筑工程施工许可证"等造成损失	施工主管
29	其他签证	建设单位临时租赁施工单位的机具	施工主管
30		建设单位在现场临时委托施工单位做与合同规定内容无关的其他工作	施工主管
31		建设单位借用施工单位的工人施工	施工主管
32	甲供材料	甲供材料数量不足	项目预算员
33	材料积压或不足	因建设单位中途停建、缓建和重大结构修改而引起材料积压或不足的损失	项目预算员
34		原材料计划所依据的设计资料过程变更或因施工图资料不足，以致备料规格和数量与施工图纸不符，发生积压或不足的损失	项目预算员
35	材料二次转运	凡属甲方责任和因场地狭窄的限制而发生的材料、成品和半成品的二次倒运，主要是指与投标状况不符的情况	项目预算员

3.6 分包 / 供方结算管理

3.6.1 分包 / 供方结算概念

项目分包 / 供方结算是指项目经理部依据工程专业和劳务分包合同、物资采购合同或其他委托服务合同协议等（以下统称为分包 / 供方合同），与分包单位、供货商或其他单位或个人单位（以下统称为分包/供方）进行的合同价款结算工作，主要包括劳务分包结算、专业分包结算和材料结算。

3.6.2 分包/供方结算体系

项目经理部全面负责项目层级对分包/供方合同的结算（包括进度结算）审核工作；项目经理是项目分包合同结算的审核人；项目施工员对分包方完成的工作内容或供应商供应物资的质量、工期等技术内容进行审核评价，核定承包方实际完成的范围和数量，并负责提供承包方工期履约情况及专业分包竣工资料的移交；项目预算员根据各种发包合同以及各部门提供的书面核定资料，负责分包/供方结算的具体办理工作。

（1）项目预算员负责对结算的合理性进行初审，并核定供应商的供货入库数据与劳务分包方超领限供材料的扣款数据，在结算中予以扣罚。

（2）项目质安员负责提供分包方质量、安全、文明施工履约情况，负责提供分包队进出场记录、临时设施使用等相关情况。

（3）项目仓管员负责核定供应商的供货入库数据，以及分包方主要材料领用量与超限供扣款数据。

3.6.3 分包/供方结算依据

分包/供方结算依据主要包括分包/供方合同及补充协议、施工图纸、设计变更及施工方案、分包工程验收单、材料进场验收单、现场有效签证单、分包物资材料领用单、材料超限供扣款资料等。

3.6.4 分包/供方结算流程

施工过程中，项目预算员应及时收集相关结算资料，确保资料完整、真实、有效。根据履约情况，项目经理应及时组织、召开分包/供方合同结算准备会议，布置相关工作。根据材料供货情况，项目采购员应定期与供应商对账，及时发起材料过程结算流程；根据项目产值完成情况，项目施工主管应及时组织分包工程的验工及评定。合同履行完成经验收合格后，项目经理部应及时组织办理结算手续。

（1）编制及审核。

项目经理部根据合同约定，要求分包／供方及时提交《劳务／专业分包工程结算审核表》（表3-17）或《材料结算审核表》（表3-18）等资料。项目预算员严格按照分包／供方合同约定，以及相关人员提供的结算意见审核结算。项目施工主管复核时，应重点关注承包人履约罚款、领用材料是否超限和小型机具以及水电扣款等。项目经理对结算进行审核时，应重点关注量、价、项、费的合理性，杜绝超额结算、重复结算。项目经理审核分包／供方结算书后报企业内审批准。

表3-17　劳务／专业分包工程结算审核表

项目名称：　　　　　　　　　　　　　　　　　项目经理：

劳务（专业）分包单位			分包负责人		
分项子目	单位	单价	合同数量	审定数量	审定总价
合计					

表3-18　材料结算审核表

项目名称：　　　　　　　　　　　　　　　　　项目经理：

供货单位				供货单位负责人		
材料名称	规格	单位	单价	合同数量	审定数量	审定总价
合计						

（2）审批及备案。分包 / 供方结算额由施工企业相关部门审查，经总部主管领导审批后形成《材料 / 分包结算单》（附件 3-8），并报企业总部备案。

3.6.5 分包 / 供方结算资料

项目经理部应建立月度进度结算和完工结算台账，对各分包 / 供方单位的结算完成情况进行统计和登记，以全面掌握结算信息。分包 / 供方合同结算的相关资料应由项目预算员妥善保管，直至项目承包兑现审计完成。在项目完工考核兑现审计结束后，将相关资料原件装订成册，移交企业档案室归档保存。这样可以保证资料的完整性和安全性，便于后续的查阅和参考。同时，也有利于企业对项目的管理和监督，为未来项目提供经验和借鉴。

《劳务 / 专业分包工程签证单》可参见表 3-19。《劳务 / 专业分包签证跟踪情况》可参见表 3-20。

表 3-19　劳务 / 专业分包工程签证单

项目名称：

施工部位		施工期间 / 人次	

增加原因、处理措施及施工草图、工程量、单价、时间等：
1.
2.
3.
…

表 3-20　劳务 / 专业分包签证跟踪情况

项目名称：　　　　　　　　　　　　　　　　　　　日期：

签证 / 签价内容	签证金额	对甲方签证情况			备注
		签证编号	上报	收回	

3.7 对甲方结算管理

3.7.1 过程验工计价

项目经理应按合同约定的时间节点及相关要求，牵头组织相关人员对甲方验工计价资料进行准备。项目施工负责人应及时提供月度施工进度，确保与月度报量相匹配。同时，下月的进度计划和资源投入要为下月的报量做好基础。项目预算员每月月初应将完整的对甲方报验工计价资料提交项目经理审定签字后，报送监理单位和建设单位，如合同有特殊要求，则按照合同约定的程序办理。

3.7.2 项目竣工结算

项目竣工结算是承包人在所承包的工程按照合同规定的内容全部完工并通过竣工验收后，与发包人进行最终工程价款的结算。这是建设工程施工合同双方围绕合同最终总的结算价款的确定所开展的工作。

（1）竣工结算编制依据。

建设工程项目竣工结算应由承包人编制，发包人审查，双方最终确定。建设工程项目竣工结算的编制可依据下列资料：

①施工合同（含补充合同、补充协议等），工程量清单或施工图预算；

②招标投标文件，含中标通知书、答疑及补充材料、承诺书、备忘录等；

③工程经济资料，如材料认价单、费用批复文件、变更索赔文件、验工计价资料、工程款支付凭证等；

④施工技术资料，如开工文件、施工图纸、变更通知单、图纸会审纪要、经批复的施工组织设计、专项施工方案、经签以后竣工图等；

⑤质量验收资料，如隐蔽工程验收、分部分项工程验收、单位工程验收、单项工程验收或工程整体竣工验收评定资料等；

⑥会议纪要、备忘录、往来函件等；

⑦国家、地方政府或行业等部门发布的有关政策、规定、通知或

其他文件；

⑧其他与工程结算相关的资料。

（2）竣工结算编制方法。

竣工结算编制是在原工程投标报价或合同价的基础上，根据收集、整理的各种结算资料，如设计变更、技术核定、现场签证、工程量核定单等，进行直接费的增减调整，按取费标准规定计算各项费用，最后汇总为工程结算造价。

（3）竣工结算工作流程。

在施工过程中，项目经理部应根据工程进度及时编制和整理工程施工技术资料。对于设计变更、洽商认价、合同外新增等项目，应先确定价格后再实施，并及时进行验工和收款。对于签证和索赔项目，应及时完善基础资料，加强过程沟通，严格按照约定程序办理签认手续，形成有效的结算依据。

在工程后期，应尽早与发包方沟通工程结算的相关事宜，就资料报送、核对周期、争议调解等问题达成明确意见，避免项目完工后工程结算拖延不决。在项目完工前1个月内，应全面归集项目已发生的成本，合理估算后续成本，确定项目预计总成本，明确工程结算的底线和目标。同时，要客观分析合同履约情况，综合评估风险，确定结算策略，并明确结算分工。还需细致梳理项目工程结算的各类基础资料，查漏补缺，及时进行完善和补充。

①编制及审查。项目预算员应在工程完工后2周内编制完成工程结算初稿，做到思路清晰、内容完整、格式规范、翔实有效。项目经理应及时组织审查，提出审查修改意见，由项目预算员按意见进行调整完善，经再次审查通过后形成项目报审稿。企业商务合约部主管领导应及时组织相关部门对项目报审稿进行审查，提出审查修改意见和建议。项目经理部按意见或建议进行调整完善，填写《工程结算审批表》，经企业总部再次审查通过后形成正式的工程结算文件。

②提交与核对。项目经理部按合同约定及时提交经企业总部审查通过的工程结算文件，并办理签收手续，详见《工程结算文件汇总目录》（附件3-9）、《工程结算资料签收单》（附件3-10）及《工程结算报告》

（附件 3-11）。项目经理部应认真组织结算核对工作。统一领导，明确职责，加强协调，妥善应对，有序推进工程结算。对无争议结算内容，应及时完善签认手续；对争议结算内容，应权衡利弊，宜以沟通谈判方式解决。全部结算经合同双方达成一致后，及时完善签认手续，形成结算定案文件。

③分阶段结算。分阶段结算是指按合同约定，在合同履行过程中对已完工的工程内容进行的阶段性结算。分阶段结算有利于施工企业确立债权、防范风险和提升管理。工期较长、规模较大的施工项目，宜与发包方协商，进行分阶段结算。对于分阶段结算过程中出现的争议，项目经理部必须及时总结、及时上报，通过在施工过程中采取有力措施，推动结算进展，防范履约风险，维护合法权益。

④结算资料归档。项目经理部应加强结算基础资料管理，明确职责，落实制度，确保工程结算资料不丢失、不损毁。工程结算完成后1个月内，将结算定案文件及相关结算资料移交企业总部统一存档。

3.8 项目财务管理

施工企业应按《企业会计准则》制定的财务管理实施细则，办理会计业务，核算项目的收入、成本、费用。

3.8.1 财务预算管理

项目经理部应当推行全面预算管理，以战略目标为导向，以销售预测为起点，进一步对生产、成本以及现金收支等进行预测，并通过成本费用预算来约束成本费用的支出。在此过程中，要重点做好项目预算的分级、分类和控制管理，严格控制预算外业务的管理流程，将经济活动分析与预算分析工作有机结合，完善预警机制，突出纠偏纠错的实际效果。

3.8.2 收支成本核算

动态、及时、完整、可靠地预计合同总收入和预计合同总成本，按权责发生制原则完整归集当期成本费用，采用完工百分比法计量和确认当期合同收入和当期合同成本费用，合理预计合同毛利或损失，准确反映项目盈亏情况。

3.8.3 会计凭证控制

会计凭证是用于记录经济业务、明确经济责任，并作为登记账簿依据的书面证明。在会计工作中，一旦发生任何经济业务，都需要填制凭证。例如现金、银行存款、财产物资的收支、往来款项的结算、费用的支出等，都要及时填制凭证，以便全面记录日常经济业务，并进行系统分类和汇总。同时，还需对凭证进行严格审核，只有经过审核无误的凭证，才能用于登记账簿。

3.8.4 会计账务监督

会议账务监督是指通过账务处理，对企业施工费用和工程成本进行检查监督。其包括凭证检查、账簿检查和报表检查。

（1）凭证检查。

凭证检查是成本监督的重要手段。查明凭证所反映的经济业务是否真实、准确、合规。对于不真实、不合法的原始凭证，不得受理；对于数字不准确、不完整的原始凭证，应要求补充更正；对于弄虚作假、涂改数字和内容的原始凭证，应该检举揭发、追查责任。

（2）账簿检查。

检查账簿所反映的经济活动事项，是否真实、合规；记录和计算的数字是否准确。检查方法主要采用对账、验算、复核。如发现问题，应查明原因，并调整账务处理。

（3）报表检查。

可以采用逆查法，从成本报表的分析检查开始，如发现问题，跟盯追踪，进一步检查账簿和凭证，查明问题的前后因果。也可以采用顺查法，先检查凭证和账簿记录，再检查成本报表，借以了解成本报表的编制是否符合规定，有无不遵守成本开支范围和费用开支标准的现象。

3.8.5 财务会计稽核

施工企业应该构建并完善财务会计稽核制度。对于涉及成本账目和成本报表的，要安排专人进行稽核。所有成本费用支出的原始凭证和记账凭证都要严格把关，比如材料收发凭证是否真实、数字是否准确、用途是否合理；仓库对账是否账证相符、账实相符、账账相符；各项间接费用支出凭证是否真实、准确、合规。

3.8.6 实物清查盘点

会计核算的一个重要任务是要认真落实实物的定期盘点和清查工作，以切实保障企业财产物资的安全与完整。财务管理部门应当定期对施工项目中的原材料、产成品、固定资产、货币资金等进行全面清查。检查财产物资的收发以及货币资金的收支是否具备完整的手续和原始凭证。核查账实是否一致，是否存在盘盈、盘亏、积压以及毁损等状况。倘若发现异常，必须及时查明原因并采取措施堵住漏洞。

3.8.7 经济活动分析

项目经济活动分析的内容应涵盖责任成本分析、项目综合分析、项目产值（进度）分析、甲方验工分析、利润盈亏分析、资金收支分析以及债权债务分析。经济活动分析应根据项目实际情况定期进行，确保分析结果真实可靠，并实现分析成果的共享。通过全面了解项目经济运行状况和存在的问题，落实具有针对性的整改措施，切实发挥其指导作用。

3.9 附件

附件 3-1　投标评审表单

附件 3-2　项目投标可行性报告

附件 3-3　招标施工合同评审表

附件 3-4　项目经理部月度报告

附件 3-5　合同履行风险动态监控月报表

附件 3-6　施工合同交底表

附件 3-7　项目成本科目组成

附件 3-8　材料 / 分包结算单

附件 3-9　工程结算文件汇总目录

附件 3-10　工程结算资料签收单

附件 3-11　工程结算报告

附件 3-12　工程结算审批表

附件 3-13　项目经营分析报告

附件 3-1 投标评审表单

项目名称	
项目基本情况	
项目风险评估	

评估内容	风险程度					可采取的措施
	低 ⟶ 高					
	1	2	3	4	5	
一、商务及合同风险评估						
1 发包方及资金背景						
2 发包方人员态度、文化及合作意向						
3 合同无定量或需要承包商算量的风险						
4 分供资源价格波动风险						
5 合同范本采用风险						
6 合同条文苛刻程度						
7 履约保证金、质量保证金、延期罚款等						
8 指定分包商/材料商管理风险						
9 签证风险，包括工程指令、设计变更等						
10 结算风险						
二、工程管理、进度、技术风险						
1 对管理人员资质要求						
2 对质量、安全、环境保护要求						
3 工期是否合理						
4 施工周边环境及布局存在的风险						
5 特殊建筑材料订货及规格风险						
6 运输及场外制作的风险						
7 施工图纸不齐引起的风险						
8 工程完工交工前的成品保护风险						

续表

评审内容	评审部门	评审意见
项目是否符合国家有关法律法规		
发包方的资金、信用等级情况		
项目当地环境和现场条件		
商务合同条件		
支付条件		
毛利率水平		
项目投标可行性报告		
综合性结论		
投标评审委员会主任意见		
项目预测毛利率（%）		
安全、质量、进度的保障程度		
资金流能否保证需要		

综合性结论	
参与评审人员会签	
投标评审委员会主任	

附件 3-2　项目投标可行性报告

项目名称：　　　　　　　　　　　　　　　　　　　　时间：

一、项目风险评估：
二、项目是否符合国家有关法律法规：
三、发包方的资金、信用等级情况：
四、项目当地环境和现场条件：
五、商务合同条件：
六、支付条件：
七、毛利率水平：
八、综合性结论：
九、投标评审委员会主任意见：
综合性结论：
编制单位：
投标评审委员会主任：

附件 3-3　招标施工合同评审表

项目名称：

合同总价：	元	预付款：	元	垫资比例：	%	毛利率：	%
合同条款	工期	工期范围：　　　　　　　至					
		可以顺延工期的情形：					
		顺延工期签证的程序及时限：					
		工期处罚条款：					
	质量	工程质量要求：					
		工程奖项要求：					
		质量奖励／处罚条款：					
	结算方式	变更签证处理条款：					
		总包管理费、设计费、水电费、甲供材料处理条款：					
		结算审核时间及超额审计费用条款：					
		进度款确认条件：					
		进度款支付方式：					
	其他违约责任						
	特立专用条款						
	增加合同补充协议						

附件 3-4　项目经理部月度报告

项目名称：　　　　　　　　　　　　　　　　　　　　　　　　　　日期：

建设单位			合同金额	
合同工期	计划开工时间		年　月　日	
	计划竣工时间		年　月　日	
实际工期	实际开工时间		年　月　日	
	实际竣工时间		年　月　日	
工期偏差	□提前　　□正常　　□延误		偏差进度时间	
项目经理部人员配置	项目负责人		技术负责人	
	商务负责人		采购负责人	
	安全负责人		质量负责人	
	其他人员			

项目整体进度情况（需包含项目全貌＋各单体）		
上月计划进度	本月实际进度	下月计划进度

偏差原因分析及偏差应对措施	

项目整体运营情况

1. 项目招定标情况

序号	分项名称	责任成本（万元）	红线金额（万元）	计划／实际定标金额（万元）	计划／实际定标日期	备注
1						
2						
3						

2. 项目月度产值及收支情况

已确权产值		已发生成本	
本月计划产值		本月计划成本	

续表

本月实际确权产值		本月实际发生成本	
下月计划产值		下月计划成本	
已收款金额		已付款金额	
本月计划收款金额		本月计划付款金额	
本月实际收款金额		本月实际付款金额	
下月计划收款金额		下月计划付款金额	

3. 项目月度成本情况

科目	责任成本（万元）	实际成本（万元）	盈亏（万元）	预算执行率（%）	备注
人工费					
材料费					
机械费					
专业分包费					
现场经费					
公司管理费					
税金					
合计					

4. 项目签证情况

上报签证份数	上报签证金额	合同占比
审定签证份数	审定签证金额	合同占比
项目风险预估及应对措施		
需公司协调事项		

附件 3-5　合同履行风险动态监控月报表

项目名称：　　　　　　　　　　　　　　　　　　　　　编号：

工程款风险	应收金额			实收金额		
	应付金额			实付金额		
工期风险	约定日期		至			
	约定进度			实际进度		
	延误天数			发包方批复天数		
变更签证风险	报送	份数		金额		占合同额比例
	批准	份数		金额		占合同额比例
质量、安全等其他方面的违约风险	发包方引起					
	承包方引起					
	分包方引起					
风险分析及防控措施						

附件 3-6　施工合同交底表

<table>
<tr><td rowspan="5">合同概况</td><td>项目名称</td><td></td><td></td><td></td><td></td><td></td></tr>
<tr><td>合同名称</td><td colspan="5"></td></tr>
<tr><td>合同金额</td><td></td><td>工程类别</td><td></td><td>承包方式</td><td></td></tr>
<tr><td>垫资比例</td><td></td><td>预付款
比例</td><td></td><td>预付款
金额</td><td></td></tr>
<tr><td>发票类型</td><td></td><td>发票税率</td><td></td><td>履约保
证金</td><td></td></tr>
<tr><td rowspan="6">工期条款</td><td>合同总工期</td><td></td><td colspan="2">合同开、竣工日期</td><td colspan="2"></td></tr>
<tr><td>质量保证金期限</td><td></td><td colspan="2">质量保证金比例</td><td colspan="2"></td></tr>
<tr><td>可能导致工期延
误的情形</td><td colspan="5"></td></tr>
<tr><td>可以顺延工期的
情形</td><td colspan="5"></td></tr>
<tr><td>顺延工期签证的
程序及时限</td><td colspan="5"></td></tr>
<tr><td>工期延误
处罚条款</td><td colspan="5"></td></tr>
<tr><td rowspan="2">质量条款</td><td>工程质量要求</td><td></td><td colspan="2">工程奖项
要求</td><td colspan="2"></td></tr>
<tr><td>质量奖励／
处罚条款</td><td colspan="5"></td></tr>
<tr><td rowspan="3">预算盈亏</td><td>预计亏损项目</td><td colspan="5"></td></tr>
<tr><td>预计盈利项目</td><td colspan="5"></td></tr>
<tr><td>不平衡报价项目</td><td colspan="5"></td></tr>
<tr><td rowspan="3">结算方式</td><td>进度结算方式</td><td colspan="5"></td></tr>
<tr><td>进度结算款
支付方式</td><td colspan="5"></td></tr>
<tr><td>变更、签证
上报时限</td><td colspan="5"></td></tr>
</table>

续表

结算方式	变更、签证处理程序	
	总包管理费、设计费、水电费、甲供材处理条款	
	结算审结时间及超额审计费条款	
	结算款支付方式	
风险	合同风险	
	发包方资信情况	
	工期风险	
	质量风险	
	安全风险	
	合同模糊不清条款	
其他	其他违约责任	
	特立专用条款	

附件 3-7 项目成本科目组成

序号	名称	单位	备注
	第一部分：项目收入		
…			
	第二部分：项目支出		一＋二＋三
一	直接费		
1	直接工程费（人、材、机）		
①	劳务费		
②	辅材费		公司合约供应与项目零星采购
③	主材费		集中采购、招标采购
④	专业分包费		
2	措施费		
①	环境保护费		垃圾场外运输、处置
②	文明施工费		安全警示标志牌、五牌一图、企业标志、现场场容场貌、材料堆放、场内垃圾清运、开荒保洁
③	安全施工费		"三保"安全防护用具、"四口""五临边"防护、高空作业防护、消防设施与消防器材
④	临时设施费		现场办公生活设施、现场临水临电费、配电箱、开关箱、电缆、照明设备
⑤	夜间施工增加费		夜间连续施工发生的工效降低、夜班补助、夜间施工照明设备摊销及照明用电
⑥	赶工措施费		指令工期小于合理工期所付出的多余费用
⑦	二次搬运		因施工场地狭小等特殊情况而发生的二次搬运费用
⑧	垂直运输费		垂直运输机械费、机上人员工资、垂直运输劳务费

续表

序号	名称	单位	备注
⑨	已完工程及设备成品保护		竣工验收前，对已完工程及设备进行保护所需的费用
⑩	工程定位放线复测费		主体质量实测实量、五步放线、强制定位
⑪	脚手架费		脚手架搭、拆、运输费用及脚手架的摊销或租赁费用
⑫	工程按质论价		工程质量为合格以上，应支付工程按质论价费用
⑬	检验试验费		空气污染检测费属检验试验费的一种，根据需要按市场价
二	间接费		
1	现场管理费		
①	项目部人员工资		项目经理部工作人员的工资、奖金及按规定提取的工资附加费
②	项目办公费用		项目经理部行政管理用资产摊销、物料消耗费用
③	项目差旅交通费		项目经理部人员差旅交通费用、公司人员因处理该项目事由产生的差旅费
④	深化人员费用		深化人员工资及差旅费用和深化设计部计提
⑤	项目房屋租赁费		项目经理部人员住宿房屋租赁、水电费用
⑥	项目后勤保障费		项目保安、厨师编外人员工资及其他后勤费用
⑦	项目招待费		项目部日常招待费、"双节"费用
⑧	项目投标业务费		项目中标后摊销投标业务费用及相关人员奖金
⑨	审计咨询费		项目对外审计咨询费用
⑩	垫资利息费用		公司垫资利息摊销

续表

序号	名称	单位	备注
2	公司管理费用		施工企业行政管理部门为管理和组织经营活动而发生的各项费用。人员工资及工资附加费；办公费；差旅交通费；固定资产折旧、修理费；工、用具摊销费；劳动保护费；财务经费；业务招待费；市场营销费用；劳动保险费；社会保障费用；其他
3	其他费用		
①	交总包方费用		土建总包方收取的各项费用
②	零星用工		
③	不可预见费用		甲供材超限供倒扣费用；工期罚款；质量罚款；施工不当造成的返工签证；工伤费用；物业装修押金及农民工工资保障金不可收回部分等
4	规费		各地征收标准不一
①	社会保险费		
②	住房公积金		
③	安全生产监督费		
④	其他需要缴纳的规费		
三	税金		
	第三部分：		
1	项目毛利润		项目收入－直接费
2	项目毛利率		（项目收入－直接费）/项目收入
	第四部分：		
1	项目净利润		项目收入－项目支出
2	项目净利率		（项目收入－项目支出）/项目收入

附件 3-8　材料 / 分包结算单

项目名称			项目经理	
合同名称			承包负责人 / 单位	
承包方式	□材料 □劳务		□材料含安装 □劳务含材料	
计价方式	□单价		□固定总价　　□结算价下浮	
单项完工时间				
合同金额 （含补充协议）		责任成本		
新增签证提报		新增签证审定		
当期责任成本		当期对甲方收入		
送审金额		已付金额		
是否存在扣款		扣款金额（附明细）		
项目部审定金额		核减金额 （项目部审定 – 送审金额）		
公司内审金额		核减金额 （内审审定 – 项目部审定）		

是否存在责任漏审

质量、安全文明施工核算（工服工帽领用情况）：

　　　　　　　　　　　　　　　　　　　　　　　　　　　　　　仓管员：

材料代付款核算：

　　　　　　　　　　　　　　　　　　　　　　　　　　　　　　材料员：

仓库借物核算：

　　　　　　　　　　　　　　　　　　　　　　　　　　　　　　质安员：

是否超控（是 / 否）：
若有，需进行超控分析

附件 3-9　工程结算文件汇总目录

序号	资料名称	总份数	页数 / 份	备注
	第一部分			
1	装饰装修工程结算书			
2	安装工程结算书			
3	装饰工程量计算书			
4	安装工程量计算书			
5	…			
	合计			
	第二部分			
1	施工合同			
2	投标报价			
3	施工单位申报表			
4	技术核定单			
5	施工签证单			
6	隐蔽验收记录			
7	装饰装修工程竣工图			
8	安装工程竣工图			
	合计			

签收人：	送签人：
建设单位：	施工单位：
签收日期：	送签日期：

附件 3-10 工程结算资料签收单

工程结算资料签收单

_____公司：

　我司_____，今收到_____公司的

_____工程完整的工程结算资料。递交结算造价为_____。

签收单位（盖章）：

签收人：

签收时间：

附件 3-11　工程结算报告

工程结算报告

致：

　　由我司承建施工的 _____ 工程于 _____ 年 _____ 月

_____ 日竣工并交付使用，现将本工程结算资料递交贵方，同时向贵方提出工程结算报

告，办理竣工结算。本工程决算造价_____元，望贵方遵照合同有关条款及有关规定，

及时办理竣工结算。

递交资料清单详见附页。

　　　　　　　　　　　　　　　　　　项目部（盖章）：

　　　　　　　　　　　　　　　　　　递交人：

附件3-12　工程结算审批表

日期：

项目名称		项目经理	
工程地点			
建设单位			
类型		施工面积（m²）	
起初合同金（元）		签证金额（元）	
送审金额（元）		红线审定金额（元）	
目标毛利率（%）		目标净利率（%）	
实际毛利率（%）		预计毛利率（%）	
直接费关账（元）		已收金额（元）	
备注			
审批意见			

附件 3-13　项目经营分析报告

项目经营分析报告

项目名称＿＿＿＿＿＿＿＿＿＿＿＿＿＿＿

合同名称＿＿＿＿＿＿＿＿＿＿＿＿＿＿＿

合同造价＿＿＿＿＿＿＿合同工期＿＿＿＿＿＿

项目经理＿＿＿＿＿＿＿预 算 员＿＿＿＿＿＿

编制日期＿＿＿＿＿＿＿＿＿＿＿＿＿＿＿

装饰装修工程预算成本及经营分析报告

一、工程概况

项目名称	
工程地点	
建设单位	
装饰装修设计	
深化设计	

二、合同分析（插入合同经营策划方案第一部分）

对表中有关栏目作说明

1. 合同总价：＿＿＿＿＿＿＿万元（固定总价）。

2. 合同工期：

3. 合同规定的工程款支付方式及周期：

4. 合同结算方式：□固定总价　　□固定单价　　□暂定单价

　　　　　　　　□费率合同　　□成本加酬金

5. 合同奖罚条款：

6. 其他需重点关注内容及合同履约风险分析：

（1）施工条件现状：

（2）材料的质量以及施工质量：

（3）工期的要求：

（4）甲方的要求和后续工程情况：

序号	内容	招标、投标情况	经营方案	依据
1	合同价款			
2	结算方式			
3	工期			
4	综合费费率			
5	人工单价			

续表

序号	内容	招标、投标情况	经营方案	依据
6	质量要求			
7	工期违约			
8	付款比例			
9	质量保证金			
10	质量保函			
11	承诺书			
12	总包配合费			
13	设计费			
14	采保费			
15	检测费			
16	水电费			
17	劳保统筹			
18	甲（控）供材			
19	少报工作量			
20	定额含量调减			
21	漏项			
22	其他			

三、项目预算成本

装饰装修项目预算成本总额		
其中	直接费	人工费	
		材料费	
		机械费	
		措施费	
	间接费（包含代扣代缴费用）	规费	
		企业管理费	
	税金		
	利润		

其中，措施费包括：

序号	分项名称	单位	数量	投标金额	预估金额	差额
清单规定措施项目						
1	环境保护费	项	1			
2	现场安全文明施工措施费	项	1			
3	临时设施费	项	1			
4	夜间施工增加费	项	1			
5	二次搬运费	项	1			
6	大型机械设备进出场及安拆	项	1			
7	混凝土、钢筋混凝土模板及支架	项	1			
8	脚手架费	项	1			
9	已完成工程及设备成品保护	项	1			
10	施工排水、降水	项	1			
11	垂直运输费	项	1			
12	室内空气污染测试	项	1			
13	检验试验费	项	1			
14	赶工措施费	项	1			
15	工程按质论价	项	1			
16	特殊条件下施工增加费	项	1			
装饰装修工程增加的措施项目						
	...	项	1			
合计						

其中，规费包括：

序号	分项名称	单位	数量	投标金额	预估金额	差额
1	工程定额测定费	项	1			
2	社会保障费	项	1			
3	劳动保险费	项	1			
4	其他需要缴纳的规费	项	1			
合计						

其中，企业管理费包括：

序号	分项名称	单位	数量	投标金额	预估金额	差额
1	管理人员工资	项	1			
2	办公费	项	1			
3	差旅交通费	项	1			
4	固定资产使用费	项	1			
5	工具用具使用费	项	1			
6	保险和职工福利费	项	1			
7	劳动保护费	项	1			
8	检验试验费	项	1			
9	工会经费	项	1			
10	职工教育经费	项	1			
11	财产保险费	项	1			
12	财务费	项	1			
13	税金	项	1			
14	其他	项	1			
合计						

四、项目盈亏分析

1. 从经营费用、工程所处地理位置能否共享企业总部的资源、是否跨年度工程增加来回路费、工程所处区域位置增加房租和整体消费水平、工期上的延误造成整个工程成本加大等增加费用逐条分析。

2. 从投标报价在税金上的考虑、材料不可预见的增长造成工程费用增加的因素举出主要的几种材料。

3. 从工艺、工序影响造价方面分析，如饰面部分的基层；木饰面、木门套、固定家具和石材的工厂加工、运输、现场安装；如是固定总价合同，不能按常规考虑等。

4. 从施工难度增加费用，如地面石材铺贴的找平层投标报价和实际现场预估费用；吊顶面加固的钢架转换层和反支撑、吊顶面积计算方法是投影还是展开面积计算投标报价和实际现场预估费用。

5. 由于投标图纸原因造成部分暂估费用，需要在图纸深化过程中考虑，比如电梯客梯轿箱的内部装修；大堂休息厅窗帘、弧形楼梯铁艺栏杆各类投标报价等。

6. 甲控材料占比权重太大。如石材分包价、织物软包类分包价，占合同总价 _____ %，致使我司的盈利空间非常小。

7. 常规清单项外新增管理费、措施费等，需根据实际发生成本进行核算，并对比类似项目所占比例，分析本项目对应费用是否超控及超控原因。

序号	一般项目普遍发生费用	预计费用比例	实际费用额
1	应缴纳的规费、办证费	约 1.63%	
2	施工配合费	2%~3%	
3	设计费或深化设计费	1%~3%	
4	业务费（前期）	0.50%	
5	后勤保障费	0.20%	
6	审计咨询费	0.50%	

续表

序号	一般项目普遍发生费用	预计费用比例	实际费用额
7	项目部管理费	1.5%~3%	
8	公司管理费摊销	4%	
9	管理人员工资及分摊	1.0%	
10	甲方代办费	0.2%~0.5%	
11	评优、报奖费	0.2%~0.5%	
12	样板房或样板段	1%~2%	
13	垫资利息	6%	
14	税金	2.5%~3%	
合计			

五、项目经营预案

序号	项目经营内容	招标、投标情况	准备实施的工作	依据来源
1				
2				
3				
…				

对上述表单栏目的解释示例:

1. 本工程为固定总价合同,在合同经营上发挥图纸深化的优势。在深化图纸时考虑材料的选用以及施工方案的改动,借助图纸深化使甲方进行设计变更,增加施工利润点。

2. 对于占工程造价 _____ % 的 _____ 材料的经营,由于现场材料供应由甲方指定分包单位,通过洽商谈判能否在上述材料供应上给予我司让利。

3. 第二大项的经营上投标报价为 _____ 万元,由于报价是以投影面积考虑的,在工程量方面是少报的,只能采取设计变更,比如顶面造型的灯槽面减小，立面上尽量在标高上进行调整，由于大堂施工顶面管线较多，进行顶面标高的降低等。

4.工程的难点为工程款的支付，由于工程款的付款进度严重滞后，造成项目压力很大，为了不影响施工进度申请垫付资金 _____ 万元，这又会造成项目费用的增加，只能尽量督促甲方尽快付款，以缓解资金压力。

从二算对比表中可以看出投标所报价位处于 _____ ，项目部需采取的策略为 _____ 。虽然项目在二算对比上有点盈利，但是还有很多不可预见的以及不可规避的风险，项目部一定要提高警觉，不能掉以轻心，共同努力争取更大的盈利。

_____ 项目部

年　　月　　日

第4章 施工项目生产管理

4.1 项目管理策划

4.1.1 项目管理策划概述

项目管理策划是为达到项目管理目标，在调查、分析有关信息的基础上，遵循一定的程序，对施工项目目标工作进行全面分解，制定和选择合理可行的执行方案，并根据目标要求和环境变化对方案进行修改、调整的活动。

施工项目管理策划分为项目管理规划大纲与项目管理规划，前者是在投标之前编制的项目管理规划，用以作为编制投标书的依据；后者是在签订合同以后编制的项目管理规划，用以指导自施工准备到竣工验收的全过程。施工项目管理规划大纲和规划类似于施工组织设计，只有合同签订后的施工组织设计并不能满足要求，还应编制投标前的施工组织设计才能满足投标报价的需要。所以，项目管理规划大纲可称作标前施工组织设计（简称标前设计）；项目管理规划可称作标后施工组织设计（简称标后设计）。

4.1.2 项目管理策划程序

（1）确定项目目标范围。

分析、确定项目管理的目标与范围。项目管理范围应包括完成项目的全部内容，并与各相关方的工作协调一致。

（2）项目工作任务分解。

项目工作分解结构应根据项目管理范围，以可交付成果为对象实施；应根据项目实际情况与管理需要确定详细程度，确定工作分解结构。

（3）规划项目资源分配。

评估项目应包括人员、材料、设备、资金等资源，测算资源预算成本，计划资源供给节点。制定能够保证工程质量和进度、降低项目成本的资源分配计划。

（4）确定项目实施方法。

在项目管理策划过程中，应根据项目的特点、目标和约束条件，制定具体的实施策略和计划，以确保项目的顺利实施和成功交付。

（5）过程监控与调整。

检查、监督和评价是项目管理策划的重要组成部分，它们相互配合，共同保障项目的成功实施。在项目管理中，应建立有效的检查、监督和评价机制，并根据反馈信息及时进行调整和改进，以提高项目的成功率和效果。

4.1.3 项目管理规划大纲

项目管理规划大纲（标前设计）是项目管理工作中具有战略性、全局性和宏观性的指导文件，它由施工企业管理层或委托的项目管理单位编制。大型和群体工程的施工组织总设计也属于此类。

（1）项目管理规划大纲内容。

项目管理规划大纲应包括施工项目概况；项目管理范围规划；项目管理目标规划；项目管理组织规划；项目成本管理规划；项目进度管理规划；项目质量管理规划；项目职业健康安全与环境管理规划；项目采购与资源管理规划；项目信息管理规划；项目沟通管理规划；项目风险管理规划与项目收尾管理规划等。

（2）项目管理规划大纲作用。

项目管理规划大纲作为编制投标文件的战略指导和依据，在投标、合同谈判和签订合同中贯彻执行；作为中标后编制施工项目管理实施规划的依据。

4.1.4 项目管理实施规划

项目管理实施规划（标后设计）是对项目管理规划大纲进行细化，使其具有可操作性。项目管理实施规划由项目经理组织项目相关人员编制。

（1）项目管理实施规划内容。

项目管理实施规划应包括工程概况；施工部署；项目管理组织方案；

施工方案；资源供应计划；施工准备工作计划；施工平面图；施工技术组织措施计划；项目风险管理计划；技术经济指标计算与分析等。

（2）项目管理实施规划作用。

项目管理实施规划应作为整个工程施工管理的执行计划与管理规范。在施工过程中应做进一步分解，由施工项目经理、项目经理部各部门和各工程分区负责人、分包人，在施工项目的各阶段中执行。它比施工项目管理规划大纲更具体、更细致，更注重操作性。

4.1.5 项目前期策划管理

（1）营销交底。

项目中标后，商务合约部投标负责人应立即整合资料，编制《经营管理交底表》（附件4-1）。该交底主要涵盖建设单位详情、投标过程概况、不平衡报价执行情况、后期变更索赔方向、相关资源配置、招标投标文件等内容。经相关领导审核、审批通过后，商务合约部投标负责人应对工程管理部、项目经理部、商务合约部和招标采购部的相关人员进行会议及书面交底。特别需要书面交底的是投标过程中的《主材询价对比表》询价情况。交底完成后，项目经理应安排相关人员填写《施工合同提炼压缩版》（附件4-2），并着手开展准备工作。

（2）施工调查。

在经营分析交底完成后，施工企业工程管理部应协调商务合约部、招标采购部及项目经理部等相关部门开展施工调查。如有需要，可邀请相关专家参与。施工调查的主要内容应包括工程概况、工程自然条件、施工现场勘查、施工方案的选择、重点工程情况、成本要素调查、项目管理策划的基础信息以及材料供应等生产资源情况。施工调查结束后，参与调查的部门应根据调查内容提出书面建议。工程管理部负责汇总这些建议，并编制施工调查报告。该报告经审批后，将作为管理交底、编制项目管理策划书和实施性施工组织设计的依据。

（3）管理交底。

施工调查结束后，施工企业工程管理部应及时制定项目管理目标（附件4-3），并对新中标项目进行施工阶段管理交底。交底内容包括技术管理、经济管理、安全质量环境保护管理、工程管理（包括项目单元清单和责任矩阵）、法律事务管理、项目成本控制及措施控制、业绩考核交底等。为确保交底工作的顺利进行，企业应成立项目综合管理交底小组，小组成员应涵盖项目全过程、全方位管理所涉及的各个职能部门。

在对实施工程建设的项目经理部进行交底前，必须认真研究工程合同和施工图纸等，对照企业管理要求，形成专业或系统专项交底书面资料，并由企业工程管理部进行汇总。项目综合管理交底工作结束并修正后，应以书面形式下发给施工项目经理部。项目综合管理交底应分专业进行，交底内容应全面并贯穿项目施工全过程。

在项目实施过程中，项目经理部每周应针对项目管理目标的完成情况填写《管理目标月度分析》（附件4-4）。同时，在成本管理方面，应根据项目成本控制及措施控制编制《项目成本核算表》。

（4）项目管理策划书。

依据合同、施工调查报告和企业管理交底，项目经理部应组织相关人员及时编制项目管理策划书，并经过企业相关部门的评审，获得分管领导的审批后予以执行。项目管理策划书应涵盖但不限于以下内容：工程项目概况、管理目标、项目单元清单、机构和部门责任书、管理责任矩阵、责任成本预算、项目经理部成员绩效考核办法、施工准备工作计划、施工部署及实施要点、技术组织措施计划及主要施工方案、质量管控重点、施工进度计划、施工平面图及大型工程临时设施布置方案、项目的管理模式及分包模式、资源配置计划、项目风险管理分析与对策、变更索赔、成本管理及技术经济指标分析、安全及绿色施工管控重点及措施、现金流分析及资金计划、信息管理等。

4.2　项目单元清单和责任矩阵

4.2.1　建立项目单元清单

项目单元是施工项目构成和项目预算的基本单位。项目单元清单是指利用工作分解结构（Work Breakdown Structure，WBS）技术，制定项目分解结构标准，全面梳理项目的工程产品、组织产品、管理产品、社会产品，对构成项目的基本单元或者项目工作单元进行标识和定义，通过项目层、阶段层、产品分类层、产品包层四个层面分解，最终细化到项目单元层，形成项目单元的集合。

4.2.2　项目单元清单的建立

施工企业工程管理部组织并指导项目经理部管理层对工程进行大项分类；项目部技术负责人根据专业分工对施工过程进行分解，形成项目单元清单初稿，经项目经理部全员专题讨论，报企业总部批准，以文件形式正式确定，建立一段时期内相对确定的项目单元清单。

4.2.3　建立项目单元清单应达到的效果

项目单元清单是项目经理部管理的纲领性文件，项目通过分解形成项目单元，使项目全过程条理清楚；项目单元清单的应用，应使项目管理从建立目标、明确责任、保证资源、建立制度、计划统计、成本控制以及管理报告的整个过程实现精细化。

4.2.4　工程施工预算管理

建立基于工程项目单元清单的预算控制体系。工程施工预算由企业商务合约部组织制定，项目经理部参与编制。主要包括制定工程项目单元清单；制定基于工程分部分项的工程量清单；制定工程量清单项下的成本单价；形成单项预算；工程项目单元清单所列全部内容的预算即构成基于工程项目单元清单的全面预算体系。确定成本单价的方式包括：参考企业数据库、企业定额或者相关行业定额分析、市场询价、通过施工组织分析确定工料机成本。

4.2.5　建立项目管理责任矩阵

项目经理部基于工程项目单元清单建立管理责任矩阵，运用 WBS 技术，全面梳理项目经理部职能管理和服务的具体工作，建立项目管理工作清单，形成管理责任矩阵的纵列；运用 RAM（Responsibility

Assignment Matrix，责任分配矩阵）方法，将项目管理工作清单中的每一项工作指派到每一个部门及岗位，形成管理责任矩阵的横排；纵列和横排交叉部分是岗位角色对每项工作的责任关系（如主持、协助、参与、检查等），可用不同符号表示岗位角色的不同责任。项目经理部应以管理责任矩阵为基础，制定部门机构责任书和员工岗位责任书。

4.3 项目"三会四表"管理

4.3.1 项目策划会

项目策划先行，实施前必须进行项目前期策划。在策划过程中，需要从管理架构、项目重难点、成本管理、进度管理、资源管理、资料管理、风险管理、职业健康安全与环境管理等维度出发，做好项目的策划工作。这样可以确保项目在实施过程中高效运行，避免出现混乱和错误，最终实现完美交付。

4.3.2 过程推进会

项目经理部应每日组织晨夕会，对项目分区分项进行销项梳理。对于重点项目，项目经理应每日向企业工程管理部进行视频直播，内容涵盖项目进度、质量、材料进场情况，以及需要企业职能部门协调解决的问题。施工企业领导和工程管理部应密切关注每个项目的进展，在关键节点为项目协调内外部资源，解决设计与施工中遇到的各种问题。通过发挥组织能力和个人能力，共同推动项目的顺利进行。

4.3.3 项目复盘会

工程竣工后，项目经理部需组织复盘会议。全体项目成员应针对自身岗位工作进行复盘，总结项目执行过程中的成败得失，提炼出最宝贵的经验并加以分享。此举旨在全面回顾项目历程，汲取经验教训，以利于未来项目更顺利开展。

4.3.4 项目分区分项销项表（表4-1）

将项目准备阶段到竣工交付的所有事项罗列在销项表，在工程实施过程中逐一对照销项。项目经理部可以清晰地了解项目的整体进展情况，及时发现问题并采取措施解决。同时，销项表也可以作为项目管理的重要工具，帮助项目经理部更好地规划和管理项目资源，确保项目按时、按质、按量完成。制定有效的销项表可按照以下步骤进行：

表4-1 项目分区分项销项表

项目分区名称		分区责任人		进度	

填表说明：
1. 本表一区一份，上墙管理，一日一查，日清日结；围绕每区每项解决问题，分区分项相结合。
2. 根据分区图纸细分，制定子工作内容跟踪销项（如面层材料的细分）。
3. 表单建立后需标注关键线路、重要事件的时间节点、保障总工期的预控

分项工作	工作内容	责任班组/供应商	工程量统计				预计施工人数	计划完成天数	开始时间	结束时间
			材料类别	规格/参数	单位	数量				

（1）明确目标和范围。在制定销项表之前，首先要明确项目的目标和范围，确定需要完成的任务和工作。

（2）分解项目工作。将项目工作分解为具体的分项任务，每个分项任务应该具有明确的开始和结束时间、负责人和交付成果。

（3）划分区域和分类。根据项目的特点和需求，将分项任务划分为不同的区域或类别，以便于管理和跟踪。

（4）确定销项标准。明确每个分项任务完成的标准和要求，例如完成时间、质量标准、审核通过等。

（5）制定销项表。将分项任务、区域、分类、销项标准等信息整

理到销项表中，可以使用表格或图表的形式，清晰直观地展示各项任务的状态。

（6）更新和跟踪。在项目实施过程中，及时更新销项表，记录任务的完成情况，对已完成的任务进行销项，对未完成的任务进行跟踪和管理。

（7）审查和调整。定期审查销项表，确保各项任务的进展符合项目计划和目标。根据实际情况，对销项表进行必要的调整和优化。

（8）沟通和共享。将销项表与项目团队成员进行沟通和共享，让大家清楚了解各自的任务和责任，促进团队协作和沟通。

4.3.5 项目核算动态管控表（表4-2）

项目核算动态管控表是一种专门用于记录和深入分析施工项目成本核算数据的报表。其能够实时地对施工项目在投标时的施工图预算或清单报价、中标后的施工预算、发包或供货的招标采购成本、发包或供货的内审结算以及对发包方的竣工结算等各个阶段的项目成本进行动态对比分析，从而帮助项目团队有效监控成本状况，及时发现问题并做出策略调整，降低成本超支的风险。以下是创建项目核算动态管控表的一般步骤：

（1）确定核算项目。明确需要进行成本核算的项目，例如材料成本、人工成本、设备租赁成本等。

（2）设定核算周期。确定核算的时间周期，如每周、每月或每个项目阶段。

（3）收集成本数据。收集与项目成本相关的实际数据，包括支出金额、预算金额等。

（4）设计表格结构。创建一个电子表格，标题可以包括项目、成本类型、实际成本、预算成本、差异等。

（5）设定预警机制。根据项目预算和目标，设置成本预警阈值，当实际成本超过预警值时，及时进行预警和调整。

（6）定期更新数据。随着项目的推进，定期更新项目核算动态管控表，以反映最新的成本情况。

（7）分析和决策。根据项目核算动态管控表结果，进行成本分析和决策，采取相应的控制措施，以确保项目在成本范围内顺利完成。

表4-2　项目核算动态管控表

项目名称			项目经理				工程部经理			
材料员			预决算员				决算主管/经理			
分项名称	投标分析		成本（询价）预算		初期盈亏	分包或供货合同		中期盈亏	付款情况		完工内审	内审状态	最终盈亏
	投标额	比重	初期成本	成本限价	投标成本－初期成本	签订情况	合同额	中期成本	清标－中期成本	付款额	百分比	送审额	核定额		结算－内审

4.3.6　项目进度计划表

项目进度计划表用于规划和追踪项目各个阶段及任务的时间安排。其内容涵盖项目任务分解、项目里程碑设定、任务时间预估、资源需求等信息。该表可通过图表形式直观呈现任务的先后顺序和时间进度，同时设定进度跟踪的方式和频率，为项目团队提供明确的路线图，便于其及时掌握项目的实际进展。以下是制作项目进度计划表的具体流程：

（1）界定项目范畴与目标。明确项目的具体内容、交付成果以及预期目标。

（2）任务细分。把项目分解为具体的任务，并确定每个任务的起始与结束时间以及先后顺序。

（3）任务时间预估。依据任务复杂程度和资源需求，估算任务所需的时间。

92

（4）构建时间轴。按照项目的起始和结束时间，设立整个项目的时间轴线。

（5）资源分配。明确每个任务所需的人、材、资金资源，并进行合理的分配。

（6）制定进度规划。将任务和时间安排以图表形式呈现，如甘特图或网络图。

（7）审查与调整。与团队成员共同审查进度计划，确保其合理性和可操作性。根据反馈进行必要的调整。

（8）确定监控手段。确定跟踪方式和频率，以便及时发现并解决问题。

（9）更新与沟通。随着项目的推进，及时更新进度计划表，并与相关人员进行有效的信息传递。

4.3.7 材料进度管控表

材料进度管控表通常用于记录项目材料供应管理的相关信息，包括材料名称、规格、需求量、材料定样签价进度、招标采购进度、生产加工进度以及供货履约情况等。借助此表，能够实时监测材料的采购、生产和到货状况，及时察觉并解决可能出现的问题，从而更好地组织和管理项目材料的供应，满足项目进度和质量的要求。创建和使用材料进度管控表的一般步骤如下：

（1）确定表格信息。根据项目需求确定表格需包含的信息，如材料名称、规格、需求量、定样签价进展、招标采购进展、生产加工进展、供货履约情况等。

（2）收集数据。与相关部门和人员沟通，收集所需的材料进度数据。

（3）填写表格。将收集的数据填写到表格中，确保信息的完整性和准确性。

（4）实时更新。根据实际情况及时更新表中信息，反映材料进度的变化。

（5）分析数据。定期对表格中数据进行分析，找出可能存在的问题和风险。

（6）制定措施。根据分析结果制定相应的措施，如调整采购计划、加快生产加工进度等。

（7）监控执行。跟踪措施执行情况，确保问题解决、项目进度不受影响。

相关表格可参见表 4-3 ~ 表 4-10。

表 4-3　材料基本信息（核算综合管控表提供）

项目名称：　　　　　　　　　　　　　　　　　　　　项目经理：

分项名称	材料类型	材料名称	技术参数	厂家/品牌	单位	预估量

表 4-4　主材签价进展

项目名称：　　　　　　　　　　　　　　　　　　　　项目经理：

小样图片	小样确认日期	签价情况进展	签价金额

表 4-5　招标/比价进展

项目名称：　　　　　　　　　　　　　　　　　　　　项目经理：

招标/比价计划	实际招标/比价日期	合同签订情况	
		签价情况进展	签价金额

表4-6 考察验货情况

项目名称：   项目经理：

工厂考察验货计划	考察人员	实际考察日期	考察情况反馈	厂家匹配度评估

表4-7 履约情况

项目名称：   项目经理：

合同付款	付款方式	预付款		进度款		审定金额
		付款日期	金额	付款日期	金额	

表4-8 深化进展情况

项目名称：   项目经理：

计划开始时间	实际开始时间	计划结束时间	人员需求	现场人员	进度比例	深化进度是否正常	图纸复核情况	已下单量/百分比	下单进度是否正常

表4-9 后场跟踪情况

项目名称：   项目经理：

后场跟踪计划	责任人	实际到达后场时间	后场跟踪情况反馈	
			进度	质量

表 4-10 供货情况

项目名称：   项目经理：

首批		最后一批		已供货量	剩余量	供货进度是否正常	供货质量情况
计划供货时间	实际到货时间	计划供货时间	实际到货时间				

4.4 项目技术管理

4.4.1 项目技术管理概念

施工项目技术管理是对施工项目全过程中相关技术工作进行计划、组织、指挥、协调、监督和控制的综合性管理工作。具体内容包括技术标准管理、施工组织设计管理、工程测量管理、试验工作管理、技术交底管理、新技术推广与应用管理、施工质量检验技术管理、图纸与设计变更文件管理、技术信息管理、工程技术人员培训管理、施工技术资料管理以及工法管理等。

技术管理是施工管理的重要组成部分。加强和完善技术管理工作，对于促进生产技术的发展和更新、提高技术水平和工程质量、保证正常的生产秩序、充分发挥设备潜力、提高劳动生产率、降低工程成本、增加经济效益以及提高竞争能力等方面都具有极其重要的意义。

4.4.2 项目技术管理体系

项目经理部应建立项目技术管理组织体系和技术管理制度。项目开工前，项目经理应对本项目的技术人员按专业和技能进行详细分工，明确技术管理部门和技术管理人员的工作职责。技术管理制度包括技术资料管理制度、测量复核制度、试验检测管理制度、施工组织设计／施工方案管理制度、技术资料签字、复核及检算制度、技术交底制度、技术交接制度、技术变更管理制度、过程控制管理制度、重大问题请示报告制度、竣工文件管理制度等基本技术管理制度。

4.4.3　设计文件审核

项目经理部在收到设计文件或变更设计文件后至少保存一套原始施工蓝图，图纸发放时做好图纸收发记录（表4-11）。

表 4-11　图纸收发记录

项目名称：

发图单位	图号	签收人	日期

在获取图纸后，应由项目技术负责人制定审核计划，并组织技术、生产、预算、测量及分包方等相关部门和人员对图纸进行详细的审查和现场核对，同时形成审核记录。对于具有重要性、规模大、特殊性或创新性的项目，应及时报告上级技术管理部门，以获取其指导和协助进行审核。图纸审查过程中，应按照《设计文件审核记录》（表4-12）的要求，将各方所提出的问题进行专业分类和汇总，并及时报告建设（或监理）单位，以便其将问题提交给设计单位，为设计交底做好准备。

项目技术负责人将审核过程中发现的问题及意见进行汇总，并及时报送至监理单位、设计单位及建设单位。图纸会审由建设单位组织，设计单位、监理单位及施工单位的技术负责人和相关人员参加。施工单位负责将设计交底内容按照专业进行汇总和整理，形成图纸会审记录，并填写《图纸会审记录》（表4-13）。同时，应积极与相关单位沟通，以尽快获得处理回复意见。图纸会审记录需经建设单位、设计单位、监理单位和施工单位的相关负责人签字确认，形成正式的会审记录。图纸会审记录的内容不得擅自涂改或变更。

表 4-12　设计文件审核记录

项目名称		日期	
审核范围			

审核记录：

审核人：

年　　月　　日

复核记录：

复核人：

年　　月　　日

设计文件交付使用及存在问题上报情况：

项目技术负责人：

年　　月　　日

存在问题解决情况：（获得答复解决的情况，如电子或书面答复文号、时间、答复内容概要、签收人员；问题解决的方式，原文件修订、设计变更等）

表 4-13　图纸会审记录

项目名称：　　　　　　　　　　　　　　　　　　　　　日期：

会审地点			
参加人员			
图纸编号	图纸名称	提出图纸问题	图纸修订意见

设计文件审核记录、图纸会审记录等相关资料应进行登记保存，并建立设计文件审核管理台账（表4-14）以跟踪处理结果；同时做好文件标识和技术交底工作，按照处理结果组织施工。未经审核或审核问题未得到落实的图纸，不得用于施工。

表 4-14　设计文件审核管理台账

项目名称：

文件名称	图审编号	处理方式	是否标识	是否发放	是否交底

熟悉设计文件，领会设计意图，掌握工程特点及难点，规避设计风险，提前筹划变更设计；复核工程数量，建立工程数量复核台账（表4-15）。

表 4-15　工程数量复核台账

项目名称：　　　　　　　　　　　　　　　　　　日期：

分项名称	单位	合同清单量	设计量	实际量	复核人	审核人

4.4.4　变更与洽商管理

在工程实施过程中，不得随意更改设计文件。如需变更原设计，必须按照建设单位的规定程序进行，并依据经批复的设计变更文件组织施工。未经批准的设计变更不得施工。工程项目施工变更主要是由设计变更引起的。因此，设计变更管理是施工项目中重要的技术管理内容。在深入理解设计意图的基础上，通过对现场的深入调查研究和充分论证，应本着优化设计、降低成本、增加效益以及保证工程质量、结构安全和施工进度的原则进行设计变更。当发生设计变更时，应及时登记《设计变更动态管理台账》（表 4-16）。

表 4-16　设计变更动态管理台账

项目名称：

变更编号	变更内容	工程增减量	监理单位审核	设计单位审核	建设单位审核

设计变更资料应包括设计变更项目的原因或理由、初步设计方案、相关验算资料、工程量增减及预算、相关设计变更报表等。项目经理部应安排专人管理设计变更资料，并建立设计变更动态台账。已批复的设计变更应及时分发至相关部门和人员，并逐级进行技术交底。设计变更与技术洽商管理的要点如下：

（1）所有需要进行设计变更的项目，施工单位应在收到有效的设计变更通知或办理工程洽商后，方可进行施工。

（2）施工单位在签收或签认设计单位签发的设计变更通知书或设计变更图纸时，如果对施工进度或施工准备情况产生影响，应及时向建设单位说明情况，并办理经济洽商。

（3）在施工过程中增发、续发、更换施工图纸时，应同时签办洽商记录，确定新发图纸的启用日期、应用范围以及与原图纸的关系。如果存在已按原图纸施工的情况，应说明处理意见。

（4）工程洽商应由建设单位、监理单位、设计单位、施工单位项目负责人或其委托人共同签认后生效。如果设计单位委托建设单位或监理单位办理签认，应依法办理书面委托书，由被委托方代为签认。

4.4.5　施工组织设计与专项施工方案

施工组织设计是用于指导施工准备和组织施工的全面性技术经济

文件。专项施工方案是针对施工项目中特定的分部分项工程或施工环节而制定的详细方案。它是施工组织设计的重要组成部分，用于指导施工过程中的具体操作和管理。实施性施工组织设计的核心内容包括施工部署、方案比选、资源配置、施工顺序、工期安排、关键工序的工艺设计以及主要的辅助设施设计等。其编制应重点突出、简洁实用。在制定主要施工方案过程中，要进行充分的方案比选和优化，以确保施工方案的适用性、安全性、先进性和经济合理性，特别是要重视结构检算、工序能力计算、临时工程设计等方面的工作。

（1）施工组织设计（专项施工方案）编制要求。

编制时需要从两个方面进行控制，一是在选定施工方案后，制定施工进度时，必须考虑施工顺序、施工流向，以及主要分部分项工程的施工方法和特殊项目的施工技术方案是否能够保证施工质量；二是在制定施工方案时，必须进行技术经济比较，使工程质量在满足符合性、有效性和可靠性的前提下，实现安全最高、工期最优、成本最低、效益最好的目标。

（2）施工组织设计（专项施工方案）编制策划。

所有工程项目都应编制实施性施工组织设计，所有分部分项工程都应编制专项施工方案。未编制施工组织设计或专项施工方案，或施工组织设计（专项施工方案）未按规定程序获批的工程不得开工。重点工程施工组织设计（专项施工方案）编制前需施工企业总部组织召开策划研讨会。企业业务领导、相关职能部门、项目经理、项目技术负责人、施工主管、主要施工班组负责人参加，以确定总体思路，论证安全可靠性和经济合理性，并及时制定《施工组织设计（专项施工方案）编制审批计划表》（表4-17）。

（3）施工组织设计（专项施工方案）评审交底。

施工组织设计应在项目开工前规定的时限内，由项目经理组织编制并报批，填写《施工组织设计（专项施工方案）审批表》（表4-18）；专项施工方案应在相关工程开工前规定的时限内，由项目施工主管组织编制并报批；如建设单位另有要求，应按照其规定执行。施工组织设计（专项施工方案）编制完成后，由项目经理组织召开自评会，项目施工主管、项目经理签署后按照审批权限，逐级报批。项目施工主管负责根据上级审查意见，在规定的时间内组织修改完善。对于修改完善后的施工组织设计（专项施工方案），项目经理负责组织召开施工组织设计（专项施工方案）交底会，项目核心成员、相关部门和班组负责人参加。

表4-17 施工组织设计（专项施工方案）编制审批计划表

项目名称：   日期：

施工组织设计/专项施工方案名称	编制人	复核人	计划时间

表4-18 施工组织设计（专项施工方案）审批表

项目名称：   编制日期：

类别	□施工组织设计	□专项施工方案	附件页数	
施工组织设计/专项施工方案名称				

申报简述：

编制人：   项目经理：   日期：

审核意见：（可附页）

工程部经理：   日期：

审核意见：（可附页）

总工程师：   日期：

（4）施工组织设计（专项施工方案）监督执行。

项目经理部必须严格按批复的施工组织设计（专项施工方案）组织施工，不得擅自改动。若因施工条件变化需要调整的，需按要求重新编制，报原审批单位重新审批。项目技术负责人应对施工组织设计（专项施工方案）的编制、审核、发放、修改等情况，建账管理，及时跟踪。项目经理部应安排专人每月监督检查施工组织设计（专项施工方案）的执行情况，并形成记录。

4.4.6　技术交底管理

技术交底是一项关键的技术工作，对于实现设计意图、执行技术方案、按图施工、依规操作以及保证施工质量和安全至关重要。在施工项目管理中，技术交底管理是一个关键环节，它确保施工人员深入理解工程项目的技术要求和施工方法，从而保证施工的顺利进行。技术交底明确了施工方法和步骤，有效减少了施工过程中的错误和失误。它帮助施工人员更好地组织和协调工作，提高了施工效率，缩短了施工周期。同时，技术交底还提醒施工人员注意安全事项，降低了施工中的安全事故风险。此外，技术交底明确了各方的责任和义务，避免了施工过程中的纠纷和争议。它确保施工符合相关的法规、标准和规范，满足工程项目的合法性和合规性要求。

（1）技术交底的分类。

包括建设单位及设计单位设计交底、施工组织设计交底、专项施工方案技术交底、分部分项工程施工技术交底、"四新"技术交底、安全质量与环境保护专项交底，以及季节性施工措施交底等。

（2）技术交底的方式。

包括会议交底、书面交底和口头交底。会议交底应做好书面交底资料、会议签到表、会议记录、会议纪要等。所有工序实施前，应当进行书面交底，未进行技术交底，不得施工。在紧急情况下，对非关键工序可先在现场进行口头交底，随后应在当日补上书面交底，并取得接受方签字确认。

（3）技术交底的准备。

技术交底前，应熟悉设计图纸、相关的规范规程及技术安全标准等，应对原图纸和资料进行分解、重新组合并附加解释，对可能疏忽的细节要特别说明，提出工艺标准、质量标准和克服质量通病的措施，不得将设计文件、标准图纸不加标注、审核、分解而直接简单地复印后下发。技术交底应填写清楚，要绘制简图并标注各部位尺寸，内容应符合《技术交底表》（表4-19）要求。对于未使用过的材料、工艺、新

表4-19 技术交底表

项目名称		施工班组	

交底部位（分部/分项/作业楼层/作业面）：

交底内容：

开始施工的条件：

施工的工艺流程和前后工序的交叉施工：

常规施工工艺的依据和技术要领：

特殊的施工工艺（有别于常规施工要求的或采用"三新"的）：

　　　　□按小样　　　　　　□制作小样　　　　　　□按说明书

隐蔽（中途）验收的质量要求（填标准编号和页码）：

工序验收	1. 方法和检查人：　□自检，由_____负责 　　　　　　　　□交接检，由_____负责 　　　　　　　　□专职检，由_____负责
	2. 质量标准（填标准编号和页码）：
	允许偏差和检验方法：
	本工序的预防措施：

交底人：

接受人：

填表说明：

　　1. 同一工种多个班组、一个班组施工不同的分项工程都必须分别手写交底。

　　2. 如结合照片、教学光盘、质量通病等进行技术交底，应在对应栏目中列出有关内容目录。

的收头方式，需经项目经理确认制定大样制作方案，并填写《大样确定单》（表4-20）。

表4-20 大样确定单

项目名称： 　　　　　　　　　　　　　　　　　　　日期：

大样名称	制作单位/班组	时间	技术要求附图
项目经理		施工主管	

填表说明：

1. 未使用过的材料、工艺和收头，均需大样确认。

2. 大样确认要确定工艺过程和最终结果，应按1:1实样，并附影像资料。

（4）技术交底的内容。

技术交底的内容应根据具体工程项目的特点和要求进行制定，确保施工人员对施工任务有全面、清晰的了解，从而保证施工质量和安全。通常包括工程概况、施工准备、施工工艺、质量标准、安全措施、环境保护要求，以及进度要求、成本控制、文明施工等方面的其他要求等。具体可参考《技术交底表》（表4-19）。

（5）安全交底的内容。

工程施工前，项目技术负责人应对有关安全施工的技术要求，向施工作业班组、作业人员做出详细说明，并由双方签字确认。安全技术交底通常包括施工工种安全技术交底、分部分项工程施工安全技术交底、大型特殊工程单项安全技术交底、设备安装工程技术交底以及使用新工艺、新技术、新材料施工的安全技术交底等。安全技术交底单的主要内容应当包括本施工项目的施工作业特点和危险点、针对危险点的具体预防措施、应注意的安全事项、相应的安全操作规程和标准、发生事故后应及时采取的避难和急救措施等。

（6）交底的监督检查。

企业工程管理部技术部门应及时对技术交底及执行情况进行检查，

并填写《技术交底执行情况检查记录表》（表4-21），对现场施工出现
与技术交底有偏差时，应立即下达整改通知书，对整改情况进行验证，
并应留有《施工过程监督检查记录表》（附件4-5）收证记录。

表4-21　技术交底执行情况检查记录表

项目名称		编号	
本月新开分项工程及交底情况简述：			
交底情况：（分部分项工程或工序作业是否均进行了技术交底，技术交底书编制质量以及复核、签收情况等）			
交底实施情况：（现场执行技术交底情况）			
下一步整改措施：			
检查人员（签字）：			

填表说明：
1. 技术交底执行情况每月检查1次，宜结合项目经理部每月自行开展的安全质量综合大检查一并进行。
2. 对检查过程中发现的具体问题，按《施工过程监督检查记录表》填写，作为该记录表附件。

4.4.7　工程测量管理

　　工程测量管理涉及工程的定位、放样、监测等方面，对于确保工程质量具有重要意义。项目经理部应明确专人负责组织测量控制点坐标移交、施工放样、竣工测量定期复核等测量工作，并配备专人负责测量管理工作。项目技术负责人或施工主管应对测量成果进行复核确认。项目经理部还应建立测量仪器、测量技术文件、测量人员管理台账，每季度进行一次梳理和更新。施工主管应履行测量工作检查、测量问题纠偏、仪器自检及送检等测量管理职责。测量仪器应按照国家规定

106

定期检定，每月进行一次仪器自检，随时掌握仪器性能状况，发现问题及时校正检定。

（1）控制点复测。

工程开工前，应制定工程测量计划；并对测量控制点进行复测，完成后应整理测量成果书，详见《放线验收单》（附件4-6），报送建设单位或监理单位审批后实施。

（2）复核测量。

工序放样需引用经审批的复测和控制线。测量工作必须构成闭合检核条件，控制测量、定位测量和重要的放样测量必须坚持采用两种不同方法（或不同仪器）或换人进行复核测量。并做好《复核测量管理台账》（表4-22）。

表4-22　复核测量管理台账

项目名称：　　　　　　　　　　　　　　　　　　　　　　　　日期：

复测项目	计划时间	实际时间	成果书编号	成果书批复状态			交底情况
				施工单位	监理单位	建设单位	

（3）监控量测。

监控量测方案经审批后方可实施；委托第三方监测单位实施监控量测时，应设专人负责管理。

4.4.8　试验检测管理

试验检测结果是工程竣工验收和质量评定的重要依据，通过科学、规范的试验检测管理，可以有效保障施工项目质量，避免质量问题的发生。项目经理部应该建立试验管理体系。在委托第三方检测时，需要考察确认第三方检测单位的资质和检测能力，并配置兼职试验人员进行监督管理。同时，要配合监理工程师进行现场见证取样，并按照检验和试验规范或规定进行试验。对于特殊工程，应该编制试验检测方案，经过项目经理审批后组织实施。按照规范要求的检测参数、检测频次，对原材料、周转料、半成品及成品进行检测，并登记《材料检验台账》（表 4-23）；对施工完毕的工程实体，要按照相关规范的要求进行现场实体检测。

表 4-23　材料检验台账

项目名称：

检验日期	厂家	规格／型号	批号	代表数量	使用部位	报告编号	检验结果

（1）现场试验管理。

现场实验室自行试验的项目应经上一级主管部门审查批准、备案。现场实验室应根据工程规模配备不少于 1 名专职试验员，且该试验员应持有相关部门颁发的试验上岗证。现场试验工需经过培训，考核合格后持证上岗。现场试验工作由项目技术部门领导。工程施工前，项目技术人员应与试验员结合工程进度编写工程试验计划，其中包括见证取样和实体检验计划。

（2）见证取样管理。

工程施工前，项目技术负责人应与建设单位、监理单位共同制定有见证取样的送检计划，并确定承担有见证试验的检测机构。每个单位工程只能选定一个承担有见证试验的检测机构，且承担该工程的企业实验室不得承担该工程的有见证试验业务。施工单位的现场试验人员应在建设单位或监理人员的见证下，对工程中涉及结构安全的试块、试件进行现场取样，并送至有见证检测资质的建筑工程检测单位进行检测。

4.4.9 工程验工计量

工程验工计量是指在工程建设中，对已完成的工作量进行检验和计量，以确定工程进度和支付工程款的过程。验工计量的准确性和及时性对于工程进度与资金管理至关重要。因此，施工单位需要建立严格的计量管理制度和流程，确保计量工作的规范和准确。项目施工负责人应根据施工合同约定的工程款支付条款，及时整理汇总所需技术资料，完善签批手续，提交相关部门，协助办理验工计量与申请工程款支付工作。项目预算员应对工程款申请的验工计量资料建账管理，填写《工程验工计量管理台账》（表4-24），定期核对，确保每期验工项目不遗漏、不重复；每期台账应至少反映当期和上期计量支付情况。项目经理应对提报的技术资料复核把关，确保验工项目及时完整、数据准确、逻辑合理。

表4-24　工程验工计量管理台账

项目名称：

分项名称	单位	清单量	施工图量	量差	年　　月		
					本月计量	开累计量	开累剩余

项目施工负责人应按照项目经理部的管理规定，定期组织现场验收，按施工作业队伍分别编制结算资料，提交相关部门。项目经理应根据合同约定，加强对结算资料的审核，确保每期结算项目不遗漏、不重复；结算资料应建立《结算工程数量管理台账》（表4-25），定期核对。

表 4-25 结算工程数量管理台账

项目名称：   劳务 / 专业分包：

分项名称	单位	实际量	年　　　月		
			本月收方	开累收方	开累剩余

4.4.10　技术资料管理

施工项目技术资料管理是施工项目管理中的重要组成部分，它涉及项目的规划、设计、施工、验收等各个阶段，对于保证项目的质量、安全、进度和成本控制具有重要意义。通过科学、规范的技术资料管理，可以提高施工项目的管理水平和效率，保证项目的顺利进行和成功交付。同时，技术资料也是项目竣工验收和后期维护的重要依据。施工项目技术资料管理要点如下：

（1）建立管理体系。

项目经理部应指派专人负责技术资料的管理，建立健全技术资料目录和管理台账。详见《技术文件总目录》（表 4-26），定期发布《有效 / 失效文件清单》（表 4-27）。

（2）制定资料清单。

项目技术负责人应制定技术资料清单，明确各类资料的编制责任人。项目开工前及时了解掌握检验批的划分和资料编制要求，将检验批划分提报相关单位批准。

表 4-26　技术文件总目录

项目名称：

文件名称	档案柜编号	档案盒编号	保管人

表4-27 有效 / 失效文件清单

项目名称：

编号	文件名称	份数	颁布时间	实施时间	颁布单位	有效状态

（3）同步收集整理。

项目部资料员应根据工程实体的施工进度，及时收集、整理工程技术资料，确保资料与施工同步。

（4）资料发放管理。

技术文件应按照规定的发放范围进行发放，并由接受方指定的专人签收，如实填写《技术文件发放台账》（表4-28）和《技术文件签收记录》（表4-29）。

表4-28 技术文件发放台账

项目名称：　　　　　　　　　　　　　　　　　　　　类型：

编号	文件名称	份数 / 页数	接收单位 / 部门	签收人	日期	备注

填表说明：技术文件发放按施工组织设计、专项施工方案、作业指导书、施工调查报告、设计变更、标准规范、设计图纸等类型分类建账。

表4-29 技术文件签收记录

项目名称：　　　　　　　　　　　　　　　　　　　　类型：

编号	文件名称	份数 / 页数	发文单位 / 部门	签收人	日期

填表说明：技术文件发放按施工组织设计、专项施工方案、作业指导书、施工调查报告、设计变更、标准规范、设计图纸等类型分类建账。

4.4.11　科研技术管理

施工项目科研技术管理是指在施工过程中，对科研技术活动进行组织、协调和控制的过程。通过有效的科研技术管理，可以提升施工项目的技术创新能力，提高工程质量和效率，为项目的顺利实施和成功交付提供有力的技术支持。同时，科研成果的转化和应用还可以为企业带来竞争优势和长期发展动力。项目经理部应根据工程施工技术特点，在企业工程管理部的指导下制定科研、工法及专利工作计划，明确科研课题负责人，积极开展"四新"技术的推广应用工作。项目技术负责人应按计划组织各科研课题小组开展科技研究、工法开发和专利申报工作，加强过程资料的收集、整理、分析，按时上报科技报表，履行申报程序，申请科技成果鉴定。

（1）制定科研计划。

项目经理组织专业技术人员和施工管理人员，根据工程特点和施工难点进行研究，确定科研项目、工法和专利的立项计划。分析科技创新点和目标，明确课题负责人，按照施工企业相关管理办法做好申报准备，于每年四季度向企业工程管理部提交立项申请。

（2）推进科研实施。

项目经理负责科技开发工作，按计划组织各科研课题组开展研究、开发和申报工作。加强过程资料收集（包括视频、照片等）、数据采集和分析，及时总结形成成果。对于重大课题，施工企业鼓励与高校、设计院所等合作，突破施工关键技术。

（3）成果验收和鉴定。

科研课题完成后，课题负责人整理资料，填写科研课题验收书，于每年一季度向工程管理部提出验收申请，由工程管理部组织验收。有条件的科研课题可向主管部门、协会申请科研成果鉴定。

（4）申报工法。

项目经理负责及时完成工法编写，初审后报企业总工程师审核。工法完成后，积极申报省市级工法。国家工法的申报由企业工程管理部组织，编写单位配合。

（5）申请专利。

项目部在实施过程中要积极创新，对首创性、革新性、集成性技术积极申请专利，形成公司知识产权。

（6）应用"四新"技术。

项目经理应及时了解住房和城乡建设部发布的最新技术，推广应用"四新"（新技术、新工艺、新材料、新设备）技术和绿色施工技术，积极申报住房和城乡建设部及行业协会组织的科技示范工程。

4.5　项目进度管理

4.5.1　项目进度管理概念

施工项目进度管理是对工程施工进度进行计划、监督、检查、引导和纠正的一系列管理活动的统称，旨在依据施工合同的工期要求，控制工程施工进度。这一过程包括进度目标分析论证、进度计划编制、进度跟踪检查、制定进度控制措施、调整进度计划等工作。施工项目进度管理具有阶段性和不均衡性，是一个动态控制的管理过程。其本质是进度管理 PDCA 循环的具体实践，并通过不断滚动循环进行持续改进。

4.5.2　项目进度管理体系

项目进度管理体系对于实现项目的进度目标至关重要。为了确保项目的顺利进行，施工企业应建立健全以企业负责人为责任主体，各职能部门负责人共同参与的项目进度管理体系，负责制定本单位的进度管理制度，审批施工进度计划，并定期深入现场检查计划执行情况，核实项目上报的进度资料的准确性，提出整改要求。同时，项目经理部应建立以项目经理为责任主体，项目骨干成员和施工班组长共同组成的项目进度控制体系，负责编制项目进度管理办法及工期保证措施，明确各方职责，确保项目按计划推进。

4.5.3 项目进度管理要求

项目进度管理应当在确保安全、质量的前提下，以均衡生产为原则，以各项管理措施为保障，以合同工期为最终目标，对施工全过程进行动态控制。项目经理部在与劳务班组签订劳务合同时，应明确规定各阶段的工期要求。项目经理应根据计划安排，组织各部门及时落实人员、机械设备、材料等相关资源，确保施工顺利进行。

4.5.4 施工进度计划编制

施工进度计划的目标是实现合同工期，通过对施工顺序、开始和结束时间以及搭接关系的综合安排进行规划。对于建设项目，应编制总进度计划来起到控制作用。对于单位工程，应编制综合进度计划来筹划作业时间。对于重要的分部分项工程，应编制作业计划以指导具体的作业活动。

在编制施工进度计划时，应利用流水作业原理，尽量组织等节奏流水。如果难以实现等节奏流水，可以组织分别流水，以保证资源的优化配置和有利于动态管理。计划图形可采用网络图、横道图、"S"形曲线、"香蕉"形曲线、"方块"计划、竖向图等，以便更好地展示和监控施工进度。

单位工程施工进度计划的编制应根据施工部署中的"进度安排和空间组织"进行，包括施工顺序、各个项目的持续时间、搭接关系、开工和竣工时间、计划工期等。在此基础上，可以编制劳动力计划、材料供应计划、成品和半成品计划、机械需用量计划等。为了确保施工的均衡性和连续性，应尽量组织流水搭接、连续、均衡施工，减少现场工作面的停歇和窝工现象。同时，尽可能节约施工费用，缩小施工现场各种临时设施的规模。合理的施工组织可以减少人为因素造成的时间和资源浪费。因此，施工进度计划是施工组织设计中非常重要的内容之一。编制进度计划的步骤如下：

（1）划分施工过程。

明确项目的施工范围和要求，并将项目任务分解为基本的施工过程。在单位工程进度计划中，施工过程应详细到分项工程或工序的级别，以满足指导施工作业的需求。通常，将施工过程按照顺序列成表格，编排序号，并进行核对，以确保没有遗漏或重复的内容。这样的分解和编排有助于对施工过程进行系统化的管理和控制，确保施工进度的顺利推进。

（2）计算持续时间。

根据工程量计算规则，对划分的每个施工过程进行分段计算，以确定每个施工过程的开始和完成时间，以及相互搭接关系，并计算出每个施工过程的持续时间。这些数据将为编制施工进度计划提供依据，同时也有助于初步规划施工流水，计算所需的人工、施工机具和物资。通过准确的计算和规划，可以更好地组织施工过程，确保施工进度按计划进行，并合理配置资源。

（3）确定施工顺序。

确定施工顺序的目的是根据施工的技术规律和合理的组织关系，安排各个施工过程在时间上的先后顺序和搭接关系。这样做的好处是确保施工质量、安全施工、充分利用空间、争取时间，并实现合理的工期安排。通过合理的施工顺序安排，可以有效协调各项施工活动，提高施工效率，减少不必要的时间浪费和冲突，确保项目能够按时完成。同时，合理的施工顺序还能够保证施工过程的连续性和稳定性，避免出现施工中断或混乱的情况。

（4）编制施工进度计划。

编制施工进度计划时，可以先制定一个草表，然后绘制资源动态曲线来评估资源的均衡性。根据需要进行必要的调整，以使资源达到均衡状态。之后，可以绘制正式的施工进度计划表。如果是编制网络计划，还可以进行优化，以实现最优的进度目标、资源均衡目标和成本目标。通过优化网络计划，可以更好地组织和安排施工活动，提高施工效率，降低成本，并确保项目按时完成。

4.5.5 施工进度计划实施

由项目经理牵头组织相关部门召开工期安排会议，进行施工进度计划交底，明确相关责任人，制定施工进度管理细则和保证措施，建立工期控制台账。施工进度计划的实施是进度目标的过程管理，确保施工过程按照预定的计划进行。此阶段包括以下工作：

（1）编制周期计划。

时间周期计划包括年、季、月、旬、周施工进度计划，通过制定短期计划来保证长期计划的实施，以实现短期计划支持长期目标、周期计划支持项目施工进度、项目施工进度支持项目进度管理目标的层级关系。确保项目整体进度按计划执行，并能够及时调整和管理施工进度。

（2）落实施工任务书。

施工任务书是一种有效的班组管理工具，用于向作业人员下达任务，有利于进行作业控制和核算，特别是在进度管理方面。施工任务书通常包括施工任务单、考勤表和限额领料单等内容。通过施工任务书，项目管理层可以明确作业人员的任务和责任，对施工进度进行有效的控制和管理。

（3）进度过程管理。

定期监控施工进度，比较实际进度与计划进度的差异，加强调度工作。同时，进行统计与分析，落实进度管理措施，处理进度索赔，确保资源供应计划的实现。通过有效的进度过程管理，及时发现偏差并采取措施加以解决，保证项目按照预定的计划进行。同时，加强资源供应计划的管理，确保施工所需的人力、物力和财力等资源的及时供应。

（4）分包进度管理。

项目经理部应将分包工程的施工进度计划纳入整个项目的进度管理范畴。根据项目施工进度计划，编制分包工程施工进度计划，并组织实施。同时，项目经理部还应该协助并监督分包人解决进度管理中遇到的相关问题。通过对分包工程的进度管理，可以更好地协调各分包方的工作，确保整个项目进度按计划进行。

4.5.6 施工进度计划检查

施工进度计划检查是进度管理中非常关键的步骤，通过对施工进度计划的检查，可以获取进度计划执行信息，并作为施工进度调整和分析的依据。主要的检查方法是对比法，即将实际进度与计划进度进行对比，发现偏差，从而及时进行调整或修改计划。通过及时的检查和对比，可以及早发现问题，并采取相应的措施进行调整，以确保施工进度按计划进行。同时，定期进行进度计划的检查和分析，还可以帮助项目团队总结经验教训，不断改进施工管理方法，提高项目的执行效率和质量。

（1）项目经理部应按企业进度管理要求，在项目开工前向公司上报《开工准备情况报告》（表4-30）；项目完工后向公司提交《完工情况报告》（表4-31）。

表4-30 开工准备情况报告

项目名称： 　　　　　　　　　　　　　　　　　　　　　　日期：

项目经理		合同金额	
建设单位		联系人及电话	
设计单位		联系人及电话	
监理单位		联系人及电话	
计划开工日期		计划竣工日期	
开工准备情况	施工场地"三通一平"及各种手续办理情况：		
	施工组织设计和开工必须的专项施工方案完成及批准情况：		
	施工图纸交底情况：		
	机械设备进场检查情况：		
	施工用材料采购及检验合格情况：		
	三级安全教育及各工种施工安全交底情况：		

续表

开工准备情况	劳务队伍准备情况： 现场开工前标准化建设情况： 各项管理制度建立情况：		
	主要管理人员	职务	名称
	主要工作人员	工种	单位名称

表 4-31 完工情况报告

项目名称：　　　　　　　　　　　　　　　　　　　　　日期：

项目经理		合同金额	
建设单位及地址		联系人及电话	
合同工期		实际工期	
计划开工日期		计划完工日期	
实际开工日期		实际完工日期	

完成合同内容情况总结：

工程款支付情况：

遗留问题及建设单位要求：

遗留问题解决时间及措施：

（2）项目施工主管负责跟踪、监督和记录施工进度计划的实施情况。施工员每天根据施工和管理情况填写《施工日志》，并将日进度完成情况汇报给施工主管。施工主管汇总统计后形成《施工进度日报》，其中应记录现场气象、生产进度、干扰施工生产的因素及排除情况。

（3）项目经理应组织相关人员进行日常的施工进度检查，包括每日、每周和每月的汇总进度管理情况。通过这种方式，可以分析进度偏差产生的原因，并采取相应的整改措施。项目施工主管应通过每日生产交班会、周例会或专题会等方式，查找差距并落实计划，对进度进行有效的控制。此外，项目经理部应定期提交《周（月）进度计划》（表 4-32）、《重点项目施工生产周报》（附件 4-7），以便公司工程管理部定期监控项目施工进度，加强过程中的预控管理。

表 4-32　周（月）进度计划

项目名称：　　　　　　　　　　　　　　　　　　日期：

内容序号	上周未完成
内容序号	本周进度计划

4.5.7　施工进度计划调整

施工进度计划调整的依据是施工进度计划的检查结果。调整的内容包括施工内容、工程量、起止时间、持续时间、工作关系和资源供应。调整施工进度计划应采用科学方法，如借助网络计划逐次压缩费用最低的关键工作以达到工期目标，编制调整后的施工进度计划付诸实施。

（1）项目经理应按月组织相关部门对进度偏差状况进行总结，当进度计划执行出现偏差时，项目经理应组织相关部门研究纠偏措施，调整人、机、料、工序等安排。调度、督促相关部门落实解决，并将落实情况及时向项目经理汇报，或在周例会上通报。

（2）当月没有完成计划的部分，必须调整到次月，确保季度计划的完成；本季度没有完成的计划，必须调整到下季度，确保年度计划、总体计划的顺利实现。

（3）因建设单位、工程变更、不可抗力等原因造成关键线路上的工期延误，应及时收集资料，在合同约定的时限内向相关单位提出工期顺延申请，并及时调整各阶段工期计划。

4.5.8　项目进度管理总结

项目进度管理总结是进度管理持续改进的重要一环，是信息积累和信息反馈的主要方法，应予以高度重视。施工进度计划实施检查后，应向企业提供月度施工进度报告，这是进度管理的中间总结。总结的内容有：进度执行情况的综合描述，实际施工进度图，工程变更，价格调整，索赔及工程款收支情况，进度偏差的状况及导致偏差的原因分析，解决问题的措施，计划调整意见。

在施工进度计划完成后，进行进度管理最终总结。总结的依据是施工进度计划、实际进度记录、检查结果、调整资料。总结的内容包括合同工期目标及计划工期目标完成情况，项目进度管理经验，项目进度管理中存在的问题及分析，科学的施工进度计划方法的应用情况，施工进度管理的改进意见。

4.6　项目质量管理

4.6.1　质量管理概念

工程质量是指建设工程满足相关标准规定和合同约定要求的程度，包括其在安全、使用功能、耐久性能、节能环保等方面所有明示和隐含的固有特性。建设工程作为一种特殊产品，除了具有一般产品所共有的质量特性外，还具有特定的质量特性，如适用性、耐久性、安全性、可靠性、经济性、节能性以及与环境的协调性。质量管理是在质量方面指挥与控制、组织与协调的活动，通常包括制定质量方针和质量目标，以及质量策划、质量控制、质量保证和质量改进等一系列工作。

4.6.2 质量管理体系

质量目标是建设工程项目管理的关键目标之一。为实现这一目标，需要运用质量管理和控制的基本原理与方法，构建并完善工程项目质量管理体系，明确各参与方的质量责任。同时，通过对项目实施过程各环节的质量控制和持续改进，有效预防和解决可能出现的工程质量问题。

质量管理体系是通过一系列完善的质量管理制度，实现对组织内各项质量活动的系统化、规范化管理，确保产品或服务的质量符合组织及相关方的要求。施工企业必须构建质量管理体系来实施质量管理，从而明确各级管理人员在质量活动中的责任分工与权限界定等，形成组织质量管理体系的运行机制，保证整个体系的有效运行，实现质量目标。项目经理部也应建立健全项目现场的质量管理体系、相应的施工技术标准、施工质量检验制度和综合施工质量水平评定考核制度。

4.6.3 质量影响因素

工程项目质量受诸多因素影响，这些因素主要包括人员素质、机械设备、工程材料、施工方法和环境条件五个方面，即人（Man）、机（Machine）、料（Material）、法（Method）和环（Environment），简称4M1E。这些因素在项目质量目标的规划、决策和实施过程中，对质量的形成具有重要影响。

（1）人员因素。

人员因素对项目质量控制起着决定性作用，包括直接参与作业的操作工人质量意识和专业能力，以及承担项目策划、决策或实施的建设、勘察、设计、咨询、施工承包等实体组织的质量管理体系和管理能力。对人员因素的管理，本质上就是对从事建设工程活动的人的素质和能力进行必要而有效的控制，充分调动人的积极性，发挥人的主导作用。

（2）机械因素。

施工机械和各类工器具包括在施工过程中使用的运输设备、吊装设备、操作工具、测量仪器、计量器具以及施工安全设施等。这些设备和工具是实现质量目标的基础保障，也是实施施工方案和工法的物质基础。因此，合理选用施工机械是保证项目施工质量和安全的关键条件。

（3）材料因素。

材料（包括构配件）是工程施工的物质基础，没有材料就无法进行施工。材料质量是工程质量的关键，若材料质量不符合要求，工程质量也难以达到标准。因此，加强对材料质量的控制，是保证工程质量的重要前提和基础。

（4）方法因素。

方法因素，也称技术因素，包括在勘察、设计、施工和检测试验等过程中所采用的技术和方法。技术方案和工艺水平的高低直接决定了项目质量的优劣。采用先进合理的施工技术方案，将有助于确保建设工程产品的质量实现。

（5）环境因素。

环境因素对质量的影响不容忽视。工程项目的实施受到多种环境因素的影响，如自然环境因素、社会环境因素、工程技术环境、工程管理环境、劳动作业环境等。这些环境因素可能对工程质量产生积极或消极的影响。因此，充分考虑环境因素的影响，并采取相应的措施降低不利影响，是确保工程质量的重要环节。

4.6.4　质量管理程序

项目经理部应通过对工程质量全过程动态管理，保证最终交付满足施工合同及设计文件规定质量标准的工程产品。质量管理应依次完成下列工作内容：

（1）确定质量目标。

质量目标是建设单位通过确定项目的功能、价值、规格、档次和标准等目标来表达其建设意图。为了实现建设单位的满意度或更高的质量目标，项目施工单位通常以现行国家标准《建筑工程施工质量验收统一标准》GB 50300 为基础。该国家标准规定了分项工程、分部工程和单位工程的质量验收标准，其中质量目标是指达到合格要求。如果建设单位在施工合同中规定了高于国家标准的合格标准或其他创优要求，那么项目质量目标将以合同要求为准。

（2）编制质量计划。

质量计划是针对特定项目制定的文件，其中规定了程序和相应资源。这些程序包括质量管理过程和工程实现过程。通常，质量计划会引用质量手册的部分内容和程序文件。质量计划通常是质量策划的结果之一。

（3）实施质量计划。

项目质量计划的实施通常分阶段进行，包括施工准备阶段的质量管理、施工阶段的质量管理以及竣工验收阶段的质量管理。

（4）质量持续改进。

项目质量持续改进是指通过不断制定改进目标和寻求改进机会，来循环增强项目质量满足要求的能力。这个过程通常使用审核发现、审核结论、数据分析、管理评审或其他方法，其结果通常会导致采取纠正措施或预防措施。

4.6.5 质量控制环节

项目经理部在进行质量控制时，应全面、全员、全过程地贯彻质量管理思想，运用动态控制原理，进行事前、事中、事后的质量控制。各个控制环节并非孤立和截然分开的，它们之间构成了有机的系统过程，实际上是质量管理 PDCA 循环的具体体现。通过每一次的滚动循环，不断提高质量管理和控制水平，实现质量管理和质量控制的持续改进。

（1）事前质量控制。

在正式施工前的主动控制中，通过编制施工质量计划，明确质量目标，制定施工方案，设置质量管理点，落实质量责任，分析可能导致质量目标偏离的各种影响因素，并针对这些影响因素制定有效的预防措施。事前质量预控必须充分发挥组织在技术和管理方面的整体优势，对质量控制对象的控制目标、活动条件、影响因素进行全面深入的分析，找出薄弱环节，制定有效的控制措施和对策。

（2）事中质量控制。

事中质量控制是指在施工质量形成过程中，对影响施工质量的各种因素进行全面的动态控制。其目标是确保工序质量合格，杜绝质量事故发生；控制的关键是坚持质量标准；控制的重点是工序质量、工作质量和质量控制点的控制。事中质量控制的措施包括施工过程交接时进行检查、针对质量问题提前制定对策、制定施工项目方案、进行图纸会审并记录、技术措施交底、对配制材料进行试验、对隐蔽工程进行验收、设计变更时办理手续、对质量问题处理后进行复查、采取成品保护措施、建立质量文件档案等。

（3）事后质量控制。

事后质量控制也被称为事后质量把关，其目的是确保不合格的工序或产品不会进入下一道工序或市场。其任务包括对质量结果进行评价和认定；对工序质量偏差进行纠正；对不合格产品进行整改和处理。在工程项目中，事后质量控制具体体现在施工质量验收各个环节的控制上。

4.6.6 质量管理策划

项目经理部应组织相关人员根据施工合同、项目管理交底、项目管理目标责任书、项目策划书等法律文件和管理文件，编制工程质量管理策划书，对工程质量策划书进行责任分解，并进行专项交底，确保施工全过程、全方位落实执行。

（1）质量策划的主要内容。

项目质量策划为质量控制提供了依据，使工程质量目标能够通过有效的管理措施得以实现。质量策划应包括项目基本情况；编制依据；质量目标；质量管理体系；质量控制方法；施工过程、服务、检验和试验程序等；确定关键工序和特殊过程的作业指导书；与施工阶段相适应的检验、试验、测量、验证要求；持续改进的质量管控措施等。

（2）质量策划的实施验证。

项目经理部质量管理相关人员应按照职责分工进行控制，并按规定保存质量控制记录。当发生质量缺陷或事故时，必须分析原因、明确责任，并进行整改。项目经理应定期组织质检人员验证质量计划的实施效果，发现质量问题或隐患时，应提出措施予以整改。对于重复出现的不合格情况，责任人应按规定承担责任，并根据验证评价的结果进行处罚。

（3）质量策划的管理要点。

质量策划的管理目标应符合工程承包合同约定，质量管理标准应按分部分项工程进行分类确认，并明确界定关键工序、特殊工序。项目技术负责人组织填写《特殊过程（关键工序）界定表》（表4-33）。

4.6.7 质量过程管理

施工作业的质量检查是整个施工过程中最基础的质量控制活动，它涵盖施工单位内部的多种检查方式，如工序作业质量的自检、互检、专检和交接检查；同时也包括现场监理单位的旁站检查和平行检测等。施工作业质量检查是施工质量验收的重要前提，只有在施工单位完成质量自检并确认合格后，才能报请现场监理单位进行检查验收。前一道工序的作业质量经过验收合格后，方可进入下一道工序的施工。未经合格验收的工序，不得进入下一道工序

（1）技术交底。

技术交底是施工组织设计和专项施工方案的具体细化，是最基础的技术和管理交底活动，其内容必须切实可行。从项目施工组织设计到分部分项工程作业计划，在实施前都必须逐级进行交底，以确保管理者的计划和决策能够被实施人员理解。项目技术负责人应根据项目质量策划书，以检验批种类为单元，对相关管理人员和操作人员进行安全交底及技术交底，明确施工工序、施工工艺、施工方法等，为保证检验批的质量水准奠定基础。项目经理应监督施工作业交底的落实情况。作业交底的内容包括作业范围、施工依据、作业程序、技术标准和要领、质量目标，以及与安全、进度、成本、环境等目标管理相

表4-33　特殊过程（关键工序）界定表

项目名称：　　　　　　　　　　　　　　　　　　　　日期：

　　　　□ 特殊过程　　　　□ 关键工序　　　　名称：（例如，干挂石材）

界定标准：施工工序复杂、质量要求高

审批人：　　　　　　　　　　　　　　　　日期：　　年　　月　　日

因素	界定内容	界定依据	界定人
人员控制	界定操作者：	证件号：	
		经验：	
设备控制	需用设备、工具：切割机、检测器、红外线水准仪、钢卷尺、电焊机	设备状况：合格	
		手持电动工具状况：合格	
材料控制	主要材料（例如5#角钢、石材）	材质证明：厂商提供合格证明	
		验证依据：检测报告	
工艺控制	控制的过程参数（量化）： 1. 立面垂直度：≤ 2mm 2. 表面平整度：≤ 2mm 3. 接缝高低差：≤ 0.5mm	理由1：（2m直线检测尺）	
		理由2：（3m靠尺）	
		理由3：（拉5m线）	
	施工规范：GB 50210—2018	建筑装饰装修工程质量验收标准	
	检验标准：GB 50300—2013	建筑工程施工质量验收统一标准	
环境控制	保证质量的环境要求：控制噪声，控制粉尘排放，同时保护现场卫生	理由1：例如，AB胶、云石胶黏结度	
		理由2：例如，仿洞石砖，砖面多孔隙，要求施工现场粉尘少。切割砖时洒水处理	
测量控制	配备检测设备：塞尺、钢直尺、2m靠尺、5m卷尺、15m线	设备精度：0.1mm	
		校验有效期：6个月	
		监测人：质安员	
		现场质量的监测周期：3个月	

关的要求和注意事项。

（2）隐蔽工程验收。

隐蔽工程是指在后续工序中会被覆盖的施工内容，如预埋管线、饰面基础龙骨等。加强隐蔽工程的质量验收，是施工质量控制的关键环节之一。其程序要求施工单位首先进行自检，确保合格后填写专用的隐蔽工程验收单。验收单所列验收内容应与隐蔽工程实物一致，并提前通知监理单位及相关方，按照约定时间验收。验收合格的隐蔽工程，由各方共同签署验收记录，方可进行隐蔽掩盖；验收不合格的隐蔽工程，应根据验收整改意见进行整改后重新验收。严格执行隐蔽工程验收的程序和记录，对于预防工程质量隐患、提供可追溯的质量记录具有重要意义。

（3）三检制度。

三检制度通过"自检、互检、专检"多重检查的方式，层层把关，有效地提高了产品或工程的质量。它强调了每个环节的质量控制，促进了操作者的自我管理和团队合作，减少了缺陷的产生和流转，确保最终产品或工程质量符合要求。项目经理部应建立三检制度、工序签认制度，坚持挂牌明示制度。质安员应如实填写《工序验收记录》（表4-34），严格过程管理程序，确保三检过程落实到位。发现问题，及时纠正，严禁带入下一道工序，并填写《产品过程检验单跟踪表》（表4-35）。

（4）首件检验。

首件检验是在新产品、新工艺或生产过程开始时，对第一件产品进行全面检查和评估的过程。其目的是确保生产设备、工艺和操作人员正常工作，以避免大规模生产中的质量问题。通过详细检查和测试首件产品，可以验证施工工艺与质量水平是否符合要求。项目经理部应建立工程首件验收制度，实现样板引路。施工主管应编制样板制作方案，明确样板制作内容、分工、工序、工艺、标准等。样板引路可以发挥协调综合管理、确定工艺标准、明确施工方法、判断队伍能力、检验操作水平、测算用工用料、展示装饰效果、现场实物交底等作用，为大面积施工规避质量通病，保证施工质量。

表 4-34　工序验收记录

项目名称：　　　　　　　　　　　　　　　　　项目经理：

分项工程（交接 / 验收范围）：

初验（及整改）意见：

完成整改的期限：

交付方		接收方	
复查意见			
交付方		接收方	
施工员		质安员	

复查日期：　　年　　月　　日

表 4-35　产品过程检验单跟踪表

项目名称：　　　　　　　　　　　　　　　　　日期：

检验单编号	部位	问题	责任班组	整改情况	检查跟踪人

（5）旁站检查。

旁站检查是指在施工、生产或其他活动进行过程中，由监督人员或指定代表在现场旁观，对活动进行实时监督和检查。其目的是确保施工、生产或其他活动按照规定的标准、程序和要求进行，及时发现和纠正可能出现的问题，保证质量、安全和合规性。项目技术负责人应根据项目质量策划书界定的关键工序、特殊工序等重点、关键环节编制作业指导书，并经项目经理批准；对每一项关键工序或特殊工序确定旁站监督人，明确旁站监督频次及监督内容，确保施工过程监控到位，填写《特殊过程／关键工序质量监测记录表》（表4-36）。企业工程管理部应建立工程旁站监督资料库，并存档保存；积极推广应用成功方法和经验，切实发挥指导和借鉴作用。

表4-36　特殊过程／关键工序质量监测记录表

项目名称：　　　　　　　　　　　　　　　　　　日期：

检测内容	检测情况（实施人）	验证情况（验证人）

（6）成品保护。

成品保护是指对已完成施工分项工程采取包括防护、覆盖、封闭、包裹等措施，以避免已完工成品受到后续施工或其他方面的污染或损坏。通过合理安排施工顺序，可以减少成品受到损坏的风险。此外，还应制定详细的成品保护措施和规定，对施工人员进行培训和指导，提高他们的保护意识和技能。定期检查和维护保护措施的有效性，及时修复或更换受损的保护材料。成品保护的实施可以减少返修和更换的成本，提高工程质量。

4.6.8　质量验收管理

施工质量验收是指在施工单位自行检查评定合格的基础上，由参与建设的相关单位共同对检验批、分项工程、分部工程、单位工程以及隐蔽工程的质量进行抽样检验，对技术文件进行审核，并根据设计文件和相关规范验收标准，以书面形式对工程质量是否达到合格标准进行确认的过程。施工质量验收包括施工过程的质量验收和建设工程项目竣工质量验收两个部分，是工程质量控制的关键环节。

（1）检验批及分项工程。

检验批应由专业监理工程师组织施工单位项目专业质量检查员、专业工长等进行验收；分项工程应由专业监理工程师组织施工单位项目专业技术负责人等进行验收。验收前，施工单位先填好《检验批质量验收记录》或《分项工程质量验收记录》，并由项目专业工长、专业质量检验员或项目专业技术负责人分别在检验批和分项工程质量检验记录相关栏目中签字，然后由监理工程师组织，严格按规定程序进行验收。

（2）分部工程。

分部工程应由总监理工程师组织施工单位项目负责人和项目技术负责人等进行验收勘察、设计单位项目负责人和施工单位技术、质量部门负责人应参加地基与基础分部工程的验收。设计单位项目负责人和施工单位技术、质量部门负责人应参加主体结构、节能分部工程的验收。

（3）单位工程。

单位工程竣工后，施工单位应组织相关人员进行自检。总监理工程师应组织各专业监理工程师对工程质量进行预验收。若存在施工质量问题，施工单位应负责整改。整改完成后，施工单位应向建设单位提交工程竣工报告，申请工程竣工验收。建设单位收到工程竣工报告后，应由建设单位项目负责人组织监理、施工、设计、勘察等单位项目负责人进行单位工程验收。单位工程质量验收合格后，建设单位应在规定时间内将工程竣工验收报告和相关文件报建设行政主管部门备案。

4.6.9 质量不合格与质量缺陷的处理

根据《质量管理体系 基础和术语》GB/T 19000—2016 的定义，工程产品未满足质量要求，即为质量不合格；而与预期或规定用途有关的质量不合格，称为质量缺陷。施工质量缺陷处理的基本方法如下：

（1）返修处理。

当工程项目的某些部分质量未达到规范、标准或设计要求，但通过整修等措施可以达到要求的质量标准，且不影响使用功能或外观时，可采用返修处理方法。

（2）加固处理。

当工程质量缺陷危及结构承载力时，通过加固处理使建筑结构恢复或提高承载力，以满足结构安全性与可靠性要求，使结构能够继续使用或改作其他用途。

（3）返工处理。

当工程质量缺陷经过返修、加固处理后仍不能满足规定的质量标准要求，或无法进行补救时，必须采取重新制作、重新施工的返工处理措施。

（4）限制使用。

当工程质量缺陷经过修补处理后仍无法保证达到规定的使用要求和安全要求，且无法进行返工处理时，可以做出结构卸荷或减荷以及限制使用的决定。

（5）不作处理。

对于某些工程质量问题，虽然达不到规定的要求或标准，但其情况并不严重，对结构安全或使用功能影响很小，符合不影响结构安全和使用功能、法定检测单位鉴定合格、后道工序可以弥补的质量缺陷、经检测鉴定达不到设计要求但经原设计单位核算仍能满足结构安全和使用功能的情况，经法定检测单位和设计单位分析、论证、鉴定认可后，可不作专门处理。

（6）报废处理。

对于出现质量事故的项目，经过分析或检测，采取上述处理方法后仍不能满足规定的质量要求或标准，则必须予以报废处理。

4.6.10 质量问题与质量事故的处理

工程质量不合格，影响使用功能或工程结构安全，造成永久质量缺陷或存在重大质量隐患，甚至直接导致工程倒塌或人身伤亡，按照由此造成直接经济损失的大小分为质量问题和质量事故。直接经济损失低于规定限额的称为质量问题；直接经济损失在规定限额以上的称为质量事故。

（1）质量事故上报。

一旦发生工程质量事故，项目经理部应按照上报格式和时限等要求，及时向企业及地方政府主管部门报告，并立即采取应急处置措施，防止事故蔓延和扩大。企业工程管理部接到事故报告后，应立即启动应急救援预案，指导和协助事故单位及项目经理部进行应急处置工作。企业工程管理部还应组织成立专业小组，赶赴现场协助地方政府主管部门开展事故调查工作，全面组织应急处置、事故分析、善后处理等相关工作。事故调查应及时、客观、全面，以便为事故的分析和处理提供准确依据。调查结果应整理撰写成事故调查报告，内容包括工程概况、事故情况、临时防护措施、事故调查中的相关数据和资料、事故原因分析与初步判断、事故处理建议方案与措施以及事故涉及人员和主要责任者的情况等。

（2）质量事故分析。

事故原因分析应建立在对事故情况调查的基础上，避免在情况不明时主观推断事故原因。尤其是对于涉及勘察、设计、施工、材料和管理等方面的质量事故，往往事故原因复杂多样。因此，必须仔细分析调查所得的数据和资料，去除虚假信息，找出导致事故的主要原因。

（3）处置方案制定。

事故处理应建立在原因分析的基础上，并广泛征求专家及相关方面的意见。经过科学论证后，决定是否对事故进行处理以及如何处理。在制定事故处理方案时，应确保安全可靠、技术可行、不留隐患、经济合理、具有可操作性，并满足建筑功能和使用要求。

（4）质量事故处置。

依据制定的质量事故处理方案，对质量事故工程进行返修、加固或报废处理。同时，要严格按照"四不放过"原则进行原因分析和责任追究，以防止事故再次发生。具体内容包括事故的技术处理，以解决施工质量不合格和缺陷问题；事故的责任处罚，根据事故的性质、损失大小、情节轻重，对事故责任单位和责任人作出相应的行政处分，甚至追究刑事责任。

（5）事故处置验收。

事故处理的质量检查鉴定应严格按照施工验收规范和相关质量标准的规定进行。必要时，还需通过实际量测、试验和仪器检测等方法获取必要的数据，以便准确地对事故处理结果进行鉴定。事故处理完成后，必须尽快提交完整的事故处理报告，报告内容包括事故调查的原始资料、测试数据；事故原因分析、论证；事故处理的依据；事故处理的方案及技术措施；实施质量事故处理的相关数据、记录、资料；检查验收记录；事故处理结论等。

4.7 项目安全管理

施工项目安全管理是指施工过程中对于避免人身伤害及其他不可接受的损害风险的管理活动。其中不可接受的损害风险通常是指超出法律、法规和规章的要求，超出了企业施工安全的方针目标要求，超出了人们普遍接受标准的要求。工程项目的施工安全管理内容主要围绕"坍塌、触电、高处坠落、物体打击和机械伤害"五大常见伤害展开实施。

4.7.1 安全管理体系

施工企业法定代表人是企业安全生产的第一负责人，项目经理是施工项目生产的主要负责人。施工企业应当具备安全生产的资质条件，建立健全职业健康安全体系以及有关的安全生产责任制和各项安全生产规章制度。建设工程实行总承包的，由总承包单位对施工现场的安全生产负总责并自行完成工程主体结构的施工，分包单位应当接受总承包单位的安全生产管理。

项目经理是施工项目安全生产的第一责任人。施工现场应成立以项目经理为首，由施工员、安全员、班组长等组成的安全生产管理小组。建立由工地领导参加的包括施工员、安全员在内的轮流值班制度，检查监督施工现场及班组安全制度的贯彻执行，并做好安全值日记录。

实行总分包的工程，总包单位应统一领导和管理施工安全工作，成立以总包单位为主，分包单位参加的联合安全生产领导小组，统筹协调和管理施工现场的安全生产工作。各分包单位都应成立分包工程安全管理组织或确定安全负责人负责分包工程安全生产管理，并接受总包单位的安全监督检查。在同一施工现场，由建设单位直接分包的分部分项工程，施工单位除负责本单位施工安全外，还应接受现场总承包单位的监督检查和管理。

（1）施工企业应严格按照《建筑施工企业安全生产管理机构设置及专职安全生产管理人员配备办法》规定，设置独立的安全生产管理部门，配备充足的专职管理人员；建立各级稽查队，切实履行稽查队伍职责，加强现场安全质量、节能环保稽查考评工作。

（2）项目经理部应严格按照《建筑施工企业安全生产管理机构设置及专职安全生产管理人员配备办法》规定，建立以项目经理为安全生产第一责任人的安全生产领导小组，严格履行职责，充分发挥项目经理部安全生产领导责任。

（3）项目经理部必须在与各协作队伍签订承包合同的同时，签订《安全、文明施工协议》（附件4-8），《作业人员名单责任书》（表4-37）。

表4-37　作业人员名单责任书

项目名称：　　　　　　　　　　　　　　　　　班组名称：

姓名	工种	性别	年龄	进出场时间	身份证号	联系方式	住址

注：
1. 作业人员应为年满18周岁的成年人，禁用未成年工。
2. 本单必须由本人填写，信息应与"三级教育卡"/"身份证复印件"一致。

（4）项目经理部应严格岗位资格准入管理，特别是应加强项目经理部经理、安全管理"三类人员"、安全员、特殊工种等人员的资格证管理，确保人证合一、配置到位。

4.7.2　安全管理目标

施工项目安全管理目标是保证人员健康安全和财产免受损失。具体包括：①减少或消除人的不安全行为的目标；②减少或消除设备、材料的不安全状态的目标；③作业现场安全控制的目标；④建设工程项目施工安全目标体系的建立。

为实现企业安全生产总目标，项目部应将建设工程项目安全管理目标细分为工作目标，分解到项目部各管理部门和所有分包方。根据不同的施工阶段和分部分项工程的风险控制要点，制定节点目标，落实到作业班组，直至每个施工人员，建立一个由总目标、分目标、子目标构成的自上而下的目标体系。

4.7.3　安全管理策划

项目安全负责人应组织相关人员，根据实施阶段施工组织设计编制安全生产管理策划书，内容应包括但不限于工程概况、编制依据、安全管理目标、保证体系、机构设置、人员配备、重大危险源辨识及《重大风险及控制措施清单》(表4-38)、危险性较大的分部分项工程分析、管控红线、安全教育、安全交底、安全检查、特殊工种配备、标准化设施推广应用、安全费用投入、文明工地建设等，力求全面策划，具

表4-38　重大风险及控制措施清单

项目名称：　　　　　　　　　　　　　　　　　　　　日期：

作业活动	危险源	危险源分类	可能导致的事故	危险级别	管理方式	危险顺序
安全管理	未使用或不正确使用防护用品	违章作业	坠落/伤害/触电等	重大	执行程序文件的规定，质安员做好发放记录和日常检查	5
	特种作业无证操作	违章作业违章指挥	起重伤害/触电等	重大	执行安全管理策划规定，确定特种作业人员，质安员负责验证，杜绝无证人员从事特种作业；管理人员按章指挥	4

续表

作业活动	危险源	危险源分类	可能导致的事故	危险级别	管理方式	危险顺序
脚手架和安全网搭拆	不按规定搭设、维护、拆除脚手架	违章作业	高处坠落/物体打击	重大	质安员按《建筑施工扣件式钢管脚手架安全技术规范》JGJ 130—2011规定现场检查把关，编制《脚手架管理方案》，编制《应急预案》	7
高处作业	未经同意拆改防护设施	违章作业	高处坠落	重大	执行程序文件，编制《脚手架管理方案》；有"四口""五临边"的编制《安全防护管理方案》；编制《应急预案》	1
施工用电	未达到三级配电、两级保护	管理缺陷	触电	重大	执行《施工现场临时用电安全技术规范》JGJ 46—2005，编制《施工用电管理方案》：总容量 ≥ 50kW 的编制《用电组织设计》；总容量 < 50kW 的编制《安全用电措施》	2
焊接作业	在易燃易爆物四周违章焊割作业，焊渣引燃明火或爆炸	违章作业	火灾、爆炸	重大	执行程序文件的规定；编制《消防管理方案》《应急预案》	3
危险品使用和存储	化学危险品未按规定使用、存放	违章作业	火灾、爆炸	重大	执行程序文件的规定，质安员负责危险品的储存和使用的管理	6
生活区	变质食品	管理缺陷	食物中毒	重大	执行"食堂卫生许可证"和"炊事人员健康证"两证制度	8

判别依据：1. 不符合法律法规及其他要求；

2. 曾发生事故，仍未采取有效控制措施；

3. 相关方合理抱怨或要求；

4. 直接观察到的危险；

5.LEC 评价法（半定量的安全评价法）。

有针对性和可操作性。项目经理部应对安全生产策划书进行责任分解，并进行专项交底，确保施工全过程、全方位落实执行。

4.7.4　安全管理内容

建设工程施工生产存在作业环境恶劣、现场情况多变、劳动条件差，又会涉及多工序、多工种的立体交叉作业，安全事故发生的概率较其他行业高。因此，施工项目安全管理工作十分重要。安全管理主要工作内容如下：

（1）建立健全安全生产制度。

建立健全安全生产制度，根据项目特点，明确项目的安全目标、方针以及各级各类人员的安全生产责任，全体人员应认真贯彻执行。安全生产制度应包括但不限于安全培训与教育、安全检查与监督、安全沟通与报告、事故调查与处理、安全奖励与惩罚等。通过建立完善的安全生产制度，可以提高员工的安全意识，降低事故发生的概率，保障施工项目的顺利进行。同时，要定期对安全生产制度进行评估和更新，以适应不断变化的施工环境和安全要求。

（2）贯彻安全技术管理。

在编制施工组织设计时，必须结合工程实际情况，制定切实可行的安全技术措施。项目经理部管理人员和作业人员应认真贯彻执行这些措施。在执行过程中，如果发现问题，应及时采取妥善的安全防护措施。安全技术措施的编制应考虑工程的特点、施工环境、作业人员的能力等因素，确保其具有可操作性和有效性。同时，安全技术措施应随着工程的进展不断进行调整和完善，以适应实际情况的变化。

（3）坚持安全教育与培训。

为了确保安全技术措施的有效执行，项目经理部应加强组织管理人员和作业人员认真学习安全生产责任制、安全技术规程、安全操作规程和劳动保护条例等。新进场工人上岗前必须进行三级安全教育培训，特种专业作业人员必须经专门的安全技术培训、考核合格并取得特种作业操作证后方能上岗。

（4）组织安全检查。

安全检查是消除隐患、预防事故、改善劳动条件的重要手段，也是施工单位安全生产管理工作的重要内容。项目经理部应该建立健全安全检查和监督机制，及时发现并纠正安全隐患。通过检查及时排除施工中的不安全因素，纠正违章作业，监督安全技术措施的执行，不断改善劳动条件，防止工伤事故的发生。安全检查应该定期进行，并且要全面、细致、深入，不能"走过场"。检查人员应该具备一定的专业知识和经验，能够发现问题并提出整改意见。对于检查中发现的问题，要及时进行整改，并且进行跟踪检查，确保整改措施得到有效执行。

（5）事故调查处理。

如果发生人身伤亡和各类安全事故，应立即上报并迅速启动应急救援预案，展开紧急救援行动。同时，要积极配合各级部门进行事故调查。对于事故的调查和处理过程，应秉持公正、透明的原则，确保责任追究到位，同时也要关注事故对受害者及其家属的妥善安置和关怀。在总结经验教训的基础上，应针对性地制定防止事故再次发生的可靠措施。这些措施可能包括加强安全培训、完善安全规章制度、强化安全监管等，以避免类似事故的再次发生。

4.7.5 安全教育

施工项目安全教育是确保施工现场安全的重要措施，其核心目标是提升施工人员的安全意识，从而预防事故的发生。通过实施全面的安全教育培训与考核，可以有效降低事故发生的风险，保障施工人员的生命安全。

（1）安全教育内容。

安全教育内容应涵盖国家和地方安全生产相关的方针、政策、法律、标准、规范及规程；企业的安全管理体系、规章制度及操作规程；工程项目的安全管理体系及制度，以及施工现场的环境、工程施工特点和潜在的安全风险；本工种的安全生产知识、操作技能、操作规程、事故案例分析、劳动纪律及岗位讲评等。

（2）安全教育形式。

项目经理部应积极协助开展安全生产教育培训活动，监督落实作业人员每天上岗前的岗位安全教育培训，特别是在季节变化、节假日前后、人员转岗转序特殊时间段，以及分部分项工程施工前对作业班组进行安全技术交底的时机，有针对性地开展安全教育及培训。安全教育培训可根据实际情况，采用如入场教育、安全会议、安全培训班、安全技术交底、观看安全视频、事故现场会、安全文明工地现场会、举办安全知识竞赛、板报、墙报等多种不同的形式。

（3）三级安全教育。

安全教育培训应本着"先培训、后上岗"的从业原则，新上岗工作人员必须经三级安全教育培训，并经考核合格后方可上岗作业。三级安全教育分别由企业（公司）、项目经理部、班组三级对新上岗工作人员进行安全教育培训，并填写《三级安全教育卡》（表4-39），做到安全教育培训考核全覆盖、分工种进行。项目经理部应建立全员教育培训考核档案，保存受教育人的签字记录。

4.7.6　安全检查

安全检查是对施工项目中安全生产法律法规的执行情况、安全生产状况、劳动条件、事故隐患等方面进行的检查。通过检查，可以有效预防事故的发生，保障施工人员的生命安全和身体健康。

施工企业的质安管理部应组织企业内部各项目的综合安全大检查工作，督促项目经理开展各项安全检查。特别是要根据项目现场管理实际情况，认真开展专业专项检查、停复工和节假日前后等特殊时间段的检查，以及季节变换等特殊气候条件下的检查。项目安全负责人应组织开展项目的日常检查，经常对安全方案、技术交底、设备运转、施工用电、消防治安、节能环保、安全操作等方面进行检查和巡视，并在安全生产例会上进行通报。对于整改不彻底或拒不整改的情况，有权按照规定进行处罚；对于存在重大安全质量管理隐患的情况，有权停工并向项目经理汇报；对于项目经理部施工现场存在的重大管理隐患，有权越级上报。

表4-39　三级安全教育卡

项目名称				日期	
姓名		年龄		身份证复印件粘贴处	
文化程度		工种			
进入本项目日期		带班人			

三级安全教育内容		教育人	受教育人
公司教育	进行安全基本知识、法规、法治教育，主要内容是： 1. 党和国家的安全生产方针、政策； 2. 安全生产法规、标准和法制观念； 3. 本单位施工过程及安全生产规章制度，安全纪律； 4. 本单位安全生产形势、曾发生的重大事故及应吸取的教训； 5. 发生事故后如何抢救伤员、排险，保护现场和及时报告	签名	签名 20 学时 年　　月　　日
项目部教育	进行现场规章制度和遵章守纪教育，主要内容是： 1. 本单位施工特点及施工安全基本知识； 2. 本单位安全生产制度、规定及安全注意事项； 3. 本工种的安全技术操作规程； 4. 高处作业、机械设备、电气安全基础知识； 5. 防火、防毒、防尘、防暴知识及紧急情况安全处置和安全疏散知识； 6. 防护用品发放标准及防护用品、用具的基本知识	签名	签名 20 学时 年　　月　　日
班组教育	进行本工种岗位安全操作及班组安全纪律教育，主要内容是： 1. 本班组作业特点及安全操作规程； 2. 班组安全活动制度及纪律； 3. 爱护和正确使用安全防护装置（设施）及个人劳动防护用品； 4. 本岗位易发生事故的不安全因素及其防范对策； 5. 本岗位作业环境及使用的机械设备、工具的安全要求	签名	签名 20 学时 年　　月　　日

（1）安全检查内容。

安全检查主要是检查项目全员的安全意识、项目安全生产责任制度、安全生产规章与操作规程、安全专项施工方案与安全措施计划、安全教育培训的落实、"三保"（安全帽、安全带、安全网）、"四口"（楼梯口、电梯井口、预留洞口、通道口）、"五临边"（沟、坑、槽和深基础周边；楼层周边；楼梯侧边；平台或阳台边；屋面周边）的防护措施、劳动防护用品的配备与使用、施工作业的不安全行为、设备设施的维护保养、伤亡事故的处理等。

（2）安全检查形式。

安全检查形式主要包括全面安全检查、定期安全检查、经常性安全检查、季节性安全检查、节假日安全检查、开工和复工安全检查、专项性安全检查以及重点安全检查等。这些检查形式旨在确保施工项目安全，及时发现和消除潜在的安全隐患。

（3）安全检查跟盯。

在安全检查中发现问题时，需按"五定"原则（定整改责任人、定整改措施、定整改完成时间、定整改资金、定整改验收人）下发整改通知单，并督办和验收整改落实工作。该原则确保了问题整改的责任明确、措施具体、时间限定、资金保障和验收严格，有助于推动整改工作的有效实施和问题的彻底解决。

4.7.7　安全防护

项目经理应严格落实安全生产管理策划内容，提升"三保""四口""五临边"、施工用电、施工机械安全管理及现场防护水平。项目施工负责人编制专项的冬期施工、雨期施工、消防设计等方案，编制专项应急救援预案，填写《应急响应预案》（附件4-9）。项目安全负责人应监控方案的编制、物资准备、措施落实等工作，并共同开展经常性检查工作。《应急预案测试记录》见表4-40。

项目经理部应集中购买或监督作业队伍购买合格的个人安全防护用品；加强个人防护用品购买、检测、发放管理工作；项目安全负责人负责现场作业人员个人防护用品的配备及正确使用情况的监督检查和整改落实。施工用电、机械设备、消防治安等专业人员应做好日常巡视检查工作，发现问题立即整改，并做好相关记录，并填写《安全防护管理方案》（表4-41）。

表4-40 应急预案测试记录

日期	测试内容	测试情况（所有参与测试人员）	测试结论（组织者）
	灭火器知识培训	介绍灭火器的种类，如何正确使用灭火器，发生火情时的紧急疏散路线（各班组施工人员）	达到培训的预定目标 质安员：
	工地出现受伤情况急救措施	举例说明受伤情况的急救措施，及时向项目部报告，班组成立急救小组（各班组施工人员）	效果达到预定目标 质安员：
日期	评审内容	评审意见（参与评审人员）	评审结论（组织者）
	消防	简述	实际演练与预案符合项目要求

表4-41 安全防护管理方案

项目名称：　　　　　　　　　　　　　　　　地址：

本方案项目投入的资金概算（万元）：

资金来源：□预算中措施费　　　□增加签证　　　□内部消化

资金概算中人工费（万元）：　　　　资金概算中物资消耗（万元）：

分类	目标	指标	主要管理措施	检查人
安全管理	不发生重伤/死亡事故，轻伤0人，失能工日不多于1d	"三保"执行率100%	发放、正确佩戴符合标准的安全帽	
			发放、正确使用符合标准的安全带	
			张挂符合标准的安全密目网	
		"四口"防护率100%	楼梯口（段）设两道栏杆：上1.2m，下0.6m	
			预留洞口短边≥2.5cm设固定盖板，周边栏杆上1.2m，下0.6m	
			通道口搭设防坠防护棚	
			电梯井口设1.5～1.8m固定栅门（栏）	
			电梯井口、通道口标识、指示醒目，悬挂红色警示灯	
		"五临边"防护率100%	楼梯、阳台、楼层的周边设置两道栏杆：上1.2m，下0.6m	
			屋面周边外脚手架高出檐口1.5m密目网封闭	
			临街周边（主干道路≥2.5m，一般道路≥2m）设封闭围栏	

4.7.8 安全验收

项目经理部对临时用电、施工机具、脚手架等各项措施的安全验收工作应由专业人员按照相关标准和规范进行检查，并记录验收结果。对于发现的问题或不符合要求的地方，应及时要求整改，确保各项措施符合安全要求。

（1）临时用电安全验收（表4-42）。

①电线电缆敷设是否符合规范，有无破损、裸露等情况。

②配电箱、开关箱等电气设备的安装是否牢固，接地是否可靠。

③漏电保护器、过载保护器等安全装置是否有效。

④临时用电线路是否与其他设施保持安全距离，避免干涉和危险。

（2）施工机具安全验收（表4-43）。

①施工机具的防护装置是否齐全，如防护罩、限位器等。

②机具的电气部分是否绝缘良好，电线电缆有无破损。

③机具的操作按钮、手柄等控制部件是否灵敏可靠。

④机具的使用说明书、安全操作规程等是否齐全并张贴在明显位置。

（3）脚手架安全验收（表4-44）。

①脚手架搭设是否符合设计要求，立杆、横杆、斜撑等构件是否牢固。

②脚手架基础是否平整、稳定，有无下沉、变形等情况。

③脚手板、安全网等防护设施是否铺设到位，有无漏洞或破损。

④脚手架的连接件、紧固件等是否牢固，有无松动、脱落等情况。

表 4-42　临时用电验收记录

项目名称：　　　　　　　　　　　　　　　　　　　　日期：

供电方式		计划容量（kW）	
进线截面面积 （mm²）		额定电流（A）	
检查人及验收人			

续表

序号	验收项目	验收内容	验收结果
1	临时用电组织设计	按临时用电组织设计要求实施总体布设	□符合要求 □不符合要求
2	支线架设	配电箱引入引出线要采用套管和横担； 进出电线要排列整齐、匹配合理； 作业时必须穿绝缘鞋等劳保用品；严禁使用老化、破皮电线，防止漏电； 应采用绝缘子固定，并架空敷设，线路过道要有可靠的保护； 线路直接埋地，敷设深度≥0.6m，引出地面从2m高度至地下0.2m处，必须架设防护套管	□符合要求 □不符合要求
3	现场照明	手持照明灯应使用36V以下安全电压； 危险场所使用36V安全电压、特别危险场所采用12V； 照明导线应固定在绝缘子上； 现场照明灯要用绝缘橡胶套电缆，生活照明采用绝缘导线； 照明线路及灯具距地面不能小于规定距离，严禁使用电炉； 防止电线绝缘差、老化、破皮、漏电，严禁用碘钨灯取暖	□符合要求 □不符合要求
4	架设低压干线	不准采用竹质电杆，电杆应高于横担和绝缘子； 电线不能架高在脚手架或树上等处； 架空线离地按规定有足够的高度： 主干道≥7m，一般道路≥5m	□符合要求 □不符合要求
5	电箱配电箱	配电箱制作统一，做到有色标，有编号； 电箱要内外油漆，有防雨措施，门锁齐全； 金属电箱外壳有接地保护，箱内电气装置齐全可靠； 线路、位置安装合理、有PE线接地排、零牌； 电线进出应下进下出	□符合要求 □不符合要求
6	开关箱熔丝	开关箱要符合一机一闸一保险，箱内无杂物、不积灰； 配电箱与开关箱之间距离30m左右，用电设备与开关箱不超过3m应加随机开关，配电箱的下沿离地面不小于1.2m，箱内严禁动力、照明混用； 漏电开关漏电动作电流小于30mA，动作时间不大于0.1s； 严禁用其他金属丝代替熔丝，熔丝安装要合理	□符合要求 □不符合要求
7	接地或接零	严禁接地接零混用，接地体符合要求，两根接地线之间距离≥2.5m，电阻值为4Ω，接地体不宜用螺纹钢	□符合要求 □不符合要求
8	变配电装置	露天变压器设置符合规定要求，配电间安全防护措施和安全用具、警告标志齐全；配电间门要朝外开，高处正中装20cm×30cm玻璃	□符合要求 □不符合要求

表4-43 施工机具验收记录

项目名称： 日期：

机具名称	机具验收检查项目					验收结论	复查抽查结论
	相对相（>0.38MQ）	相对地（>0.22MQ）	接地线	设备外壳	安全装置		
石材切割机		不符合	良好	不符合	完好	合格	同意使用
空压机	良好		良好	不符合	不符合	合格	同意使用
电焊机							
平刨机							
台钻							
手提切割机							
电锤							
手枪钻							
砂轮机							

表4-44 脚手架验收记录

项目名称： 日期：

序号	验收项目	验收内容	验收结果
1	立杆基础	坚实平整、有排水措施，立杆下铺5cm厚木板、搭设高>24m，应有基础设计方案	□符合要求 □不符合要求
2	连墙件	拉结点水平、垂直距离符合规范，连结材料符合要求，高度>24m不准采用柔性连墙件	□符合要求 □不符合要求
3	防护栏杆及围护网	自第二步起设栏杆扶手，按规定设置围挡封闭，密目网符合要求，操作层及以下二步设踢脚板	□符合要求 □不符合要求
4	施工层底笆满铺	脚手板、竹笆与大横杆绑扎点不少于4点	□符合要求 □不符合要求
5	剪刀撑设置	5~7跨设一道剪刀撑，夹角为45°~60°，自下而上连续设置，高度超过24m时，在脚手架拐角处及中间沿纵向每隔6跨横向平面内搭设斜杆	□符合要求 □不符合要求

序号	验收项目	验收内容	验收结果
6	脚手架材质脚手架扣件	钢管外径不得小于48mm，壁厚不得低于3～3.5mm，无严重锈蚀、裂纹、变形、扣件紧固力矩40～65N·m	□符合要求 □不符合要求
7	脚手架宽度	按设计宽度最窄不得小于0.8m搭设	□符合要求 □不符合要求
8	立杆间距	立杆垂直偏差不大于全高的1/100，立杆间纵距按设计要求设置，偏差±50mm	□符合要求 □不符合要求
9	大小横杆	平直、大横杆固定可靠、挠度不大于杆长的1/150	□符合要求 □不符合要求
10	架内水平防护	每4步设一道隔离措施，第一道隔离设在结构的首层，包括内挡隔离层	□符合要求 □不符合要求
11	登高设施（斜道）	应设在脚手架外侧，斜道坡度1:3设置，并设防滑条，上下爬梯装设稳固	□符合要求 □不符合要求
12	杆件搭设	接头错开，剪刀撑杆件接长不小于1m，立杆对接必须交叉进行	□符合要求 □不符合要求
13	通道口防护、重要设施防护棚	按结构高度，搭设通道防护棚长度根据高处作业级别大于坠落物半径搭设	□符合要求 □不符合要求
14	钢管脚手架接地	四角应设接地保护及避雷装置	□符合要求 □不符合要求

验收意见：（项目经理、施工员、质安员、施工带班长、搭设方及监理等相关方）

脚手架总高度		验收日期	
验收时搭设高度		合格牌编号	

4.7.9 应急救援

施工企业和项目经理部应严格执行《施工现场生产安全事故应急救援预案》，确保形成上下联动的应急救援机制，以实现快速反应、响应及时、全面应对和有效救援。根据工程项目分布、工程类别等情况，各部门应细化应急救援预案，并加强应急救援队伍的建设。同时，还应开展应急救援演练，以确保救援的及时性、有序性、全面性和有效性。

项目经理部应根据项目施工内容、地理环境和社会环境等因素，编制综合应急预案。此外，还应根据危险性较大的分部分项工程施工内容和专项施工方案，编制专项应急救援预案。对于这些综合应急预案和专项应急救援预案，应定期进行评审和修订。

为确保应急救援的有效性，项目经理部应按照"充足配置、按需供应"的原则，对综合应急预案和专项应急救援预案所需的设备、器械、人员、物资和财力等进行配置。同时还应建立应急救援队伍，定期开展应急救援演练，并做好记录和评估报告。通过演练，及时发现问题并进行纠正和完善。在项目现场应设置应急救援电话提示标识，以便在发生突发事件时能够第一时间启动应急预案，确保人员得到最快、最好的救治，最大限度地减少财产损失和社会影响。

4.7.10 安全事故报告

如果发生生产安全事故，施工单位应依照国家有关事故报告和调查处理的规定，及时、准确地向负责安全生产监督管理的部门、建设行政主管部门或其他相关部门报告。对于特种设备事故，还应同时向特种设备安全监督部门报告。实行总承包的建设工程，由总承包单位负责上报事故。接到报告的部门应当按照国家规定如实上报。有关部门和单位应根据事故的性质、严重程度和影响大小，按照规定组成调查组进行调查，并将调查结果形成书面报告，按规定上报和公布。

（1）一旦发生安全事故，项目经理部现场人员应立即向本单位负责人报告，并启动应急救援预案，迅速采取措施进行抢救，防止事故扩大，减少人员伤亡和财产损失。同时，应按照国家有关规定立即如实报告当地负有安全生产监督管理职责的部门，不得隐瞒、谎报或迟报，更不得故意破坏事故现场或毁灭有关证据。

（2）施工企业负责人接到事故报告后，应立即组织专业小组赶赴事故现场，指导、协助事故单位及项目经理部进行应急救援和应急处置工作，有序抢救伤员、排除险情，并防止人为或自然因素对现场的破坏。同时，协助地方政府主管部门开展事故调查工作，全面组织应急救援、事故分析和善后处理等相关工作。

（3）地方政府主管部门或企业内部的事故调查报告完成后，企业安全质量委员会应严格按照"四不放过"原则，对事故原因进行分析，追究责任，并采取相应措施，以防止事故再次发生。

4.7.11　安全故事处理

对于安全工作责任未落实，导致发生重特大事故的情况，应严格按照"四不放过"原则和《国务院关于特大安全事故行政责任追究的规定》进行处理。"四不放过"原则的主要内容包括：

（1）事故原因未查清不放过。

在调查处理伤亡事故时，必须深入调查事故发生的原因，不放过任何一个可能的因素。不能在尚未找到事故主要原因时就仓促下结论，只有找到事故发生的真正原因，并厘清各因素之间的因果关系，才算达到事故原因分析的目的。

（2）责任人员未处理不放过。

对事故责任人要严格按照安全事故责任追究规定和有关法律法规的规定进行严肃处理，不可对其姑息迁就。通过严肃追究有关领导和责任人的责任，以促使安全工作责任得到有效落实，避免类似事故再次发生。

（3）整改措施未落实不放过。

针对事故原因，必须提出防止相同或类似事故发生的切实可行的预防措施，并督促事故发生单位加以实施，确保类似问题不再发生。

（4）有关人员未受到教育不放过。

要求必须使事故责任人和广大群众了解事故发生的原因及所造成的危害，提高安全意识和防范能力，从中吸取教训。只有当相关人员真正理解并接受了安全教育，才能更好地预防和应对未来可能发生的安全事故。

4.7.12　工程保险

施工项目通常涉及高空作业，环境变化频繁，劳动条件较差，因此发生安全事故的概率较高且风险程度较大。为降低安全风险带来的损失，施工企业除采取各种技术和管理的安全措施外，还可以通过工程保险来降低风险。工程保险属于安全风险应对的经济措施。一旦发生自然灾害或意外事故，导致被保险人的财产损失和人身伤亡，被保险人可以按照保险合同的条款向保险公司要求赔偿。

工程保险主要包括工程一切险、第三者责任险、施工机械设备损坏险和施工人员人身意外险等。这些保险种类可以为施工企业提供不同方面的保障，降低潜在的经济损失和风险。通过购买工程保险，施工企业可以将部分风险转移给保险公司，从而提高自身的风险承受能力和经济稳定性。然而，在选择保险方案时，施工企业应仔细评估自身的风险状况和保险需求，并与保险公司进行充分沟通和协商，以确保获得合适的保险保障。

4.8 职业健康安全与环境保护管理

4.8.1 职业健康安全与环境保护管理概念

职业健康安全与环境保护管理是指通过管理和控制工作环境中的各种因素，保护员工的健康和安全，同时保护和改善环境质量。这对于施工企业的可持续发展和社会责任履行至关重要。

（1）职业健康安全管理。

职业健康安全管理注重识别、评估和管控工作环境中存在的各种危害因素，以避免职业病和与工作相关疾病的出现。其中包括对化学物质、噪声、放射性物质、生物危害等的管理，以及为员工提供个人防护用具、培训员工正确使用防护设备和遵守安全操作规范等措施。通过职业健康安全管理，能够更好地保障员工的健康福祉，推动企业的可持续发展。

（2）环境保护管理。

环境保护管理侧重于降低组织活动对环境的影响，具体措施包括节能减排、减少废弃物生成以及控制污染排放等，以达成社会经济发展与人类生存环境的协调一致。在建设工程项目中，环境保护的重点在于保护和改善施工现场环境。这包括对施工现场各类粉尘、废水、废气、固体废弃物以及噪声、振动等环境污染和危害的控制。与此同时，资源节约和防止浪费也同样重要，以保障社会经济发展与人类生存环境的相互协调性。

4.8.2 职业健康安全与环境保护管理体系

职业健康安全与环境保护管理体系是企业基于国际标准或相关法规要求建立的，旨在帮助组织识别、评估和控制职业健康与环境风险，持续改进相关管理措施，以达到保护员工健康和安全、减少环境影响、提升企业社会形象的管理系统。

施工企业应建立健全职业健康安全管理机构，并对职业健康安全管理机构的构成、职责及工作模式作出规定。施工企业还应做好职业健康安全档案管理工作，及时整理、完善安全档案及安全资料，为预测和预防职业健康安全事故提供依据。

施工企业应根据环境管理体系标准的要求，建立环境管理的方针和目标，识别与组织运行活动有关的危险源及其危害，通过环境影响评价，对可能产生重大环境影响的环境因素采取措施进行管理和控制。

4.8.3 职业健康安全管理

在工程项目建设中，通过安全生产的管理活动，以及对生产因素的具体状态的控制，使生产因素的不安全行为和状态减少或消除，不引发事件，特别是不引发使人受到伤害的事故，以保护生产活动中人的安全和健康。

（1）识别梳理危害因素。

项目施工负责人应当基于项目施工内容，组织人员围绕生产性粉尘、缺氧和一氧化碳、有机溶剂、焊接作业产生的金属烟雾、生产性噪声和局部振动、高温作业、长期超时超强度工作等方面，梳理出可能造成职业病危害的作业场所、作业工序、作业人员以及危害因素。

（2）危害因素建档汇报。

项目经理部应当对排查出的职业病危害因素进行登记建档，并按照规定向当地职业卫生管理部门和企业职业健康卫生管理职能部门报告。随着施工的推进，当职业病危害因素消除后，应及时向当地职业卫生管理部门申请注销，并向企业职业健康卫生管理职能部门报备。

（3）执行危害控制措施。

依据《中华人民共和国职业病防治法》《职业病预防措施》，逐条制定专项职业病危害控制措施，并按专业分工落实到人，负责控制措施的实施。项目经理部的质安员则负责监督检查措施的落实情况，关注如《场界内噪声测量》（附件4-10）等影响因素；一旦发现问题，需及时反馈给相关专业人员，督促其整改落实；若质安员遇到严重的管理隐患，有权停工并越级上报。

（4）作业人员健康体检。

可能接触职业病危害因素的作业人员，应依据确定的人员名单，做好进场和退场的健康体检工作。项目经理部需组织可能接触职业病危害因素的作业人员进行进场和退场的健康体检，并建立健康体检档案。严禁体检不合格者进场，对于在退场体检时发现异常的人员，应展开溯源调查，了解异常产生的时间、地点、作业类型等情况，制定相应的对策，以防止类似危害的再次发生，并协助医疗部门进行治疗。

4.8.4 施工现场环境管理

（1）重大环境因素辨识。

在工程动工之前，项目经理部需要严格遵循"环境因素辨识、评价与控制程序"，认真开展施工现场及其周边环境因素的辨识和评价工作，对于重要的环境因素要进行登记造册，并填写《重大环境因素及控制清单措施》（表4-45）。

（2）环境控制措施落实。

项目经理部施工负责人根据重要环境因素登记表，组织项目经理部相关专业人员逐项编制控制措施及专项应急预案，相关专业人员负责控制措施的实施。项目经理部质安员负责督办检查控制措施的落实情况，发现问题，及时反馈并督办相关专业人员进行整改落实。

（3）环境应急预案演练。

项目经理部应依循应急预案的策划，足额配备应急材料与设备，交由项目专管人员负责日常管理事宜。此外，项目经理部应构建环境保护应急队伍，结合项目施工实际，定期或不定期举行应急演练活动，并对演练成效予以评估，查验问题，即时改进。

表4-45　重大环境因素及控制清单措施

项目名称：　　　　　　　　　　　　　　　　　　　　　　　地址：

区域	环境因素	活动地点／工序／部位／条件	环境影响	时态／状态	管理方式
施工现场	噪声	施工机械：电锤、电锯、压刨、切割机噪声	影响人体健康、社区居民休息	现在／正常	执行程序文件
	火灾、爆炸	仓库、施工现场：油漆、易燃材料库房及作业面、电气焊作业点、氧气瓶、乙炔瓶使用、建筑垃圾引起的火灾事故	污染大气	将来／紧急	编制消防管理方案和应急预案
	有毒有害气体	施工现场：人造板及制品甲醛VOC、壁纸、胶涂料、油漆有害气体排放、油漆容器及工具清洗废液有害气体排放，墙地砖陶类洁具、花岗石石材放射性排放	污染大气，影响人体健康	现在／正常	执行程序文件
	污水	固定式石材切割机污水直接排放	污染水体	现在／正常	编制污水管理方案
	粉尘	场地清扫、涂饰打磨、石材瓷砖干切（磨）等扬尘	污染大气	现在／正常	执行程序文件
	固、废排放运输	建筑垃圾、可回收垃圾、有毒有害垃圾混合废弃或自行清运	污染土地和马路	现在／正常	执行程序文件
	资源消耗	消耗天然木材、石材、钢材、电能和水等资源	能源、资源耗用	现在／正常	执行工程消耗定额
办公生活区	生活污水	施工现场设食堂、厕所的污水直接排放	污染水体	现在／正常	编制污水管理方案
	火灾、爆炸	液化气瓶、不规范的生活用电引起的火灾事故	污染大气	将来／紧急	编制消防管理方案和应急预案
	固体废物	办公用复印机和打印机废墨盒、墨粉、废电池、废磁盘、涂改液瓶、废荧光灯不分类处理	污染土地、水体	现在／正常	执行程序文件

152

4.8.5　施工现场环境管理措施

在工程施工过程中,应坚定不移地贯彻"保护和改善环境"的方针,坚决执行国家环境保护的"预防为主""谁污染谁治理""强化环境管理"三大基本政策。积极推广清洁生产技术和清洁生产,设立环境保护领导与实施机构,并设立环境保护专项资金。具体的管理措施如下:

（1）大气污染防治措施。

大气污染物大多以气态和颗粒态形式存在危害物质。其主要防治措施包括:严禁凌空肆意抛掷施工垃圾;禁止在施工现场焚烧废弃物;对细颗粒建筑材料执行密封存放;硬化施工现场主要道路等。

（2）水污染防治措施。

水污染主要是指施工现场废水和固体废弃物随水流流入水体的部分,包含泥浆、水泥、油漆、各种油类、混凝土添加剂、重金属、酸碱盐、非金属无机毒物等。水污染防治措施包括:禁止回填有毒有害废弃物;施工废水、污水沉淀合格后再排放;防止油料跑、冒、滴、漏,避免地下水被污染。

（3）噪声污染防治措施。

施工噪声是指在工程建设施工过程中产生的对周围生活环境造成干扰的声音。控制噪声污染的措施可以从声源、传播途径和接收者防护等方面来考量,具体的防治措施包括降低噪声声源;采用吸声、隔声、消声等方法控制传播途径;使用耳塞、耳罩、防声头盔等防护用具;减少人员在噪声环境中的暴露时间等。

（4）固体废弃物污染处理措施。

固体废弃物主要包括建筑垃圾和生活垃圾。固体废弃物可分为一般固体废弃物和危险废弃物。其中,危险废弃物是指列入国家危险废物名录或经国家规定的危险废弃物鉴别标准认定的具有危险特性的固体废物。针对固体废弃物的处理措施有:回收利用;进行减量化处理;焚烧处置;采取稳定和固化措施;填埋等。

4.8.6 职业健康安全与环境保护应急预案

应急预案是针对特定潜在事件发生前所制定的，旨在做好充分的应急准备措施。它是应急响应行动的指南，可在短时间内组织有效的救援行动，以防止事故扩大，减少人员伤亡和财产损失。职业健康安全与环境保护应急预案的目的是防止在紧急情况发生时出现混乱局面，使施工企业能够迅速、有序地按响应流程采取适当的救援措施，从而预防和减少可能伴随着事故发生的职业健康安全和环境影响。职业健康安全与环境保护应急预案通常包括以下内容：

（1）风险预防。

经由对工作场所中潜在危险和环境风险的辨识及对事故后果的分析评估，借助相应的技术与管理手段，降低事故发生的概率，将可能发生的事故局限在特定范围，防止其扩散和蔓延。

（2）应急响应。

在规定紧急情况发生时启动应急响应流程，包括事故报告、警报触发、人员疏散等。应急响应能够迅速响应，及时处理故障，将事故遏制在萌芽状态，避免其进一步恶化。

（3）应急措施。

事故发生后，应即刻针对不同的紧急情况启动预定的现场抢险和救援方案。通过高效的措施，控制或减少事故所带来的损失，包括人员伤亡、财产损失和环境破坏等。

（4）培训与演练。

项目经理部应定期组织全体成员进行应急预案的专业培训，以增强人员的应急意识和响应能力。同时，要有计划地开展应急预案演练，通过模拟真实场景来验证应急预案的可行性和有效性。

（5）恢复与总结。

应急事件结束后，项目经理部应迅速还原工作环境，并逐步恢复生产经营活动。同时，要对财产、设备、物资等的损失规模进行评估，确定经济损失的具体情况。此外，还需评测环境污染的程度和范围，以及对生态系统造成的影响。定期评估和更新预案，持续提升应急管理水平和能力，增强组织应对突发事件的能力和韧性。

4.9　附件

附件 4-1　经营管理交底表

附件 4-2　施工合同提炼压缩版

附件 4-3　项目管理目标

附件 4-4　管理目标月度分析

附件 4-5　施工过程监督检查记录表

附件 4-6　放线验收单

附件 4-7　重点工程施工生产周报

附件 4-8　安全、文明施工协议

附件 4-9　应急响应预案

附件 4-10　场界内噪声测量

附件 4-1　经营管理交底表

项目名称		合同产值	
建设单位		合同范围	
中标毛利润		中标净利润	

招标文件及答疑中的主要问题：

报价水平及策略（不平衡报价，后期变更索赔方面）：

主要项目的材料价格及人工标准依据：

施工中需设计分部分项工程及注意事项：

其他：

附件 4-2 施工合同提炼压缩版

项目名称		建设单位	
施工范围		总包单位	
设计单位		造价咨询单位	
监理单位及其权限:			
建设单位授权项目代表及其权限:			
合同总价		预付款	
进度款确认条件:			
进度款支付方式:			
工期	工期可顺延条款:		
	可以顺延工期的情形:		
	顺延工期签证的程序及时限:		
	工期处罚条款:		
质量	工程质量要求:		
	工程奖项要求:		
	质量奖励/处罚条款:		
结算方式	变更、签证处理条款:		
	总包管理费、设计费、水电费、甲供材处理条款:		
	结算审结时间及超额审计费用条款:		
其他违约责任:			
特立专用条款:			
增加合同/补充协议: 增加/补充日期:			

说明:

1. 项目经理应在合同签订(进场)15天内组织预算员等完成合同压缩版编制。

2. 上传"项目动态管理",且项目管理人员人手一份,便于经常对照执行。

3. 项目实施过程中如有增加合同/补充协议的,应在一周内调整,并上传和发放。

附件 4-3　项目管理目标

项目名称：　　　　　　　　　　　　　　　　　　　日期：

项目经理		施工员		质安员		
预算员		材料员		仓管员		
目标	管理目标值			责任人	检查人	备注
综合管理目标	项目工期满足合同（日历工期或____年____月____日前交付）（变更）的约定					
	每周（双周）在公司内网上更新项目《工程进度汇报表》					
	每月 15 日、30 日真实、准确填报资金统计"在建"报表					
	每月 25 日对本目标进行管理目标月度分析，并上传动态管理					
	项目对基层、面层阶段的项目前期策划总结、调整					
	本项目部适用文件的学习（评审）一次 /____d（确定学习周期）					
	不发生违反强制性条文的事件					
质量管理目标	1. 本工程合同质量要求:____;确保____、争创____; 2. 公司要求:_____					
	1. 材料进场验证率 100%; 2. 材料报验一次合格率____%					
	1. 技术交底率 100%; 2. 分项工程质量通病预防交底____次; 3. 班组自检率 100%; 4. 内部交接验收一次合格率____%					
	1. 内检分项工程得分____分以上; 2. 作业班组 90 分以上优良率____%					
	1. 项目在基、面层阶段大 / 小区组织互检; 2. 产品过程检验、成品检验标识 100% 使用					

续表

目标	管理目标值	责任人	检查人	备注
质量管理目标	1. 分部工程验收一次合格率达到____%； 2. 子分部工程验收一次合格率达到____%； 3. 分项工程验收一次合格率达到____%； 4. 检验批一次合格率达到____%； 5. 隐蔽工程报验一次合格率达到____%			
	顾客满意度： 1. 施工全过程主动征求书面意见____次； 2. "施工前"：三项满意度平均达到90%； 3. "施工中"： ① "安全、文明"满意度平均达到90%； ② "质量、进度、成品保护"满意度平均达到85%； ③ "工作主动、与甲方/其他单位配合"三项满意度平均达到90%			
	1. 不满意书面意见24h内回复，并严格按回复实施； 2. "竣工后"："观感、资料移交"两项满意度平均90%			
环境管理目标	现场办公室整齐、清洁、有序			
	1. 本工程按室内环境分类属____类；石材选用____级； 2. 木饰面、木门套、固定家具的饰面板选用____级，基层板选用____级；涂饰材料选用____；其他装饰材料的限量值100%符合民用建筑室内环境分类和限量的规定			
	1. 材料堆放符合规定； 2. A、B类物资产品标识和检验标识清晰			
	确保施工现场环境保护管理"零投诉"： 施工场界噪声排放：白天65dB、夜间55dB			
	1. 固体废弃物分类处理； 2. 杜绝污水直接排放、粉尘超标排放			
	工程交付室内环境质量检测一次合格			
	重大环境因素的监测（一次·项）/____d（确定几个重大环境因素和监测周期）			
	环境管理方案的各项措施（见安全管理方案）			

159

续表

目标	管理目标值	责任人	检查人	备注
安全管理目标	1. 安全／环境保护交底率 100%； 2. 新员工／换岗员工三级安全教育 100%； 3. 确保劳保用品按规定发放和正确使用			
	不发生（电、气焊工电光性眼炎和电焊工尘肺病、涂饰工滑石粉尘肺和有害物质中毒等）职业病（列出涉及的职业病的工种）			
	1. 特殊工种持证上岗 100%； 2. 证件有效率 100%； 3. 电、气焊"两证一监护"符合率 100%			
	1. 杜绝违章指挥、违章操作； 2. 不发生火警／触电事件、不发生人身重伤／死亡事故； 3. 轻伤 1 人次，失能工日不多于 5d			
	1. 项目部管理人员安全培训合格率 100%（年度轮训）； 2. 安全例会 1 次／____d			
	1. 安全检查 1 次／____d； 2. 安全隐患整改率 100%			
	重大风险的监测（一次·项）以上／____d（确定几个重大风险和监测周期）			
	安全管理方案各项措施：（几个方案、共有多少项措施）执行率 100%、有效率 95%			
	争创文明／标准化工程（确定是否有此目标）			

附件4-4　管理目标月度分析

项目名称：　　　　　　　　　　　　　　　　　　　　　　　日期：

项目经理		施工员			质安员		
预算员		材料员			仓管员		

目标	管理目标值	本月完成	累计完成	备注
综合管理目标	项目工期满足合同（日历工期或____年____月____日前交付）(变更）的约定	合同及变更规定何时完成		
	每周（双周）在公司内网上更新项目《工程进度汇报表》	重点每周，其他双周____月____日按时上报		
	每月15日、30日两次真实、准确填报资金统计"在建"报表	____月____日按时上报		
	每月25日对本目标进行管理目标月度分析，并上传动态管理	____月____日按时上报		
	项目在基层、面层阶段对项目前期策划进行总结、调整			
	适用文件的学习（评审）____d/次（确定学习周期）	学习____文件，参加____人		
	不发生违反强制性条文的事件			
质量管理目标	本工程合同质量要求：____；确保____、争创____； 公司要求：_____			
	1. 材料进场验证率100%； 2. 材料报验一次合格率____%			
	1. 技术交底率100%； 2. 分项工程质量通病预防交底____次； 3. 班组自检率100%； 4. 内部交接验收一次合格率____%			
	1. 内检分项工程____分以上； 2. 作业班组90分以上达____%			
	1. 项目在基层、面层阶段大区/小区组织互检； 2. 产品过程检验、成品检验标识100%使用			
	1. 分部工程验收一次合格率达到____%； 2. 子分部工程验收一次合格率达到____%； 3. 分项工程验收一次合格率达到____%； 4. 检验批一次合格率达到____%； 5. 隐蔽工程一次合格率达到____%			

续表

目标	管理目标值	本月完成	累计完成	备注
质量管理目标	顾客满意度： 1. 施工全过程主动征求书面意见____次； 2. "施工前"：三项满意度平均达到 90%； 3. "施工中"： ① "安全、文明" 两项满意度平均达到 90%； ② "质量、进度、成品保护" 三项满意度平均达到 85%； ③ "工作主动、与甲方／其他单位配合" 三项满意度平均达到 90%			
	1. 不满意书面意见 24h 内回复，并严格按回复实施； 2. "竣工后" "观感、资料移交" 两项满意度平均达到 90%	会议记录、往来文件____次提出不满意／抱怨，回复____次		

分析说明：

1. 本项目目标完成情况分析：

2. 本项目 E/S 管理方案的实施有效情况和评审：

管理方案涉及措施__项，本月完成措施情况：

3. 自查法规收集、学习、合规性评价（至少包括 QMS 合规性评价）：

（1）本项目在 3 个月中收集法规、要求的总数、学习 "法规和其他要求" 的人次和内容（要有 "会议记录" 作为支持性记录）：

（2）施工过程中有关合法施工 "许可和执证" 的情况：

4. 排放的监测结果与有关法规对照的结论：

（1）污染物排放监测：

施工场界噪声的监测记录（不在噪声敏感区可不填）：

（2）施工废水经沉淀池，沉淀池排放口监测记录（无施工废水沉淀池可不填）：

（3）生活废水经过隔油池、化粪池，隔油池、化粪池排放口的监测记录（无化粪池、无隔油池可不填）：

（4）废弃物依法处置情况：

施工现场废弃物处置情况（是否合法消纳）：

办公、生活废弃物处置情况（是否合法消纳）：

（5）化学品、危险品管理情况：

化学危险品（主要指溶剂型涂料，如有，汇总管理方案的实施）的管理：

危险品（主要指氧气／乙炔瓶，如有，汇总管理方案的实施）的管理：

（6）应急和消防管理情况：

应急准备和响应管理：

防火、防台风（突发自然灾害）的管理：

（7）室内装饰环境指标的控制情况：

建筑物按室内环境分类要求的控制情况：

确定的材料要求和材料的检测记录：

附件4-5 施工过程监督检查记录表

项目名称：　　　　　　　　　　　　　　　　　　　日期：

受检单位		检查部位	
检查人员		记录表编号	
问题描述			

处理意见：

上述问题的处理要求：

□进行整改　　　　□采取纠正措施　　　　□进行整改并采取纠正措施

上述问题的处理限于＿＿年＿＿月＿＿日前进行整改完毕，并将上报＿＿＿＿＿＿＿（部门），对整改情况验证采取：

□现场验证　　　　□书面验证

检查人员：　　　　　　　　　　　　　　　　日期：　　年　　月　　日

原因分析：

施工队负责人：　　　　　　　　　　　　　　日期：　　年　　月　　日

纠正及预防改进措施：

制定人：　　　　　　　　　　　　　　　　日期：　　年　　月　　日
批准人：　　　　　　　　　　　　　　　　日期：　　年　　月　　日

验证情况：

验证人：　　　　　　　　　　　　　　　　日期：　　年　　月　　日

附件 4-6 放线验收单

项目名称：   验收时间：

放线区域	

放线内容及验收标准（根据放线交底内容进行验收及方案调整措施，可附图或照片）：

放线内容	本项目为了更好地提高放线质量，提高放线准确率和使用率，采用细部放线、打印 1：1 图纸现场粘贴的方法提高效率，正常放线采用彩色放线。 具体内容如下：	
	装饰放线	黑色
	强、弱电放线	红色，点位根据实际尺寸制作模板喷色或打印粘贴
	成品化及安装放线	绿色
	空调新风放线	蓝色，面板及风口做模板喷色或打印粘贴
	配合单位、活动家具及工艺品放线	灰色，需要预埋部分要提前控制，烟感、喷淋等刻模板喷色或打印粘贴
	楼层位置原点、成品饰面板	位置原点采用不锈钢刻十字线，地面氩焊制作；已完成饰面表面采用提前24h，美纹纸粘贴后彩色圆珠笔或铅笔放线
	细部放线	详见项目部现场粘贴的深化图纸
放线步骤	第一步	1.根据总平面图在各施工空间放出 3 根基准控制线（轴线、控制线以及标高线）； 2.在地面、顶面以中轴线为基点，向拟完成工作面延伸 1m，平行放完成面控制线； 3.根据图纸标注尺寸，以完成面控制线为基准放各墙面完成线； 4.根据图纸标注尺寸，以 1m 水平线为基准放顶面完成线； 5.以顶面完成线为基准，向上延伸 250mm 放机电控制标高线； 6.根据图纸标注尺寸，以 1m 水平线为基准，放地面 ±0.000 水平线。可根据工作面采用多种放线方式：流水放线法和分组放线法
	第二步	1.根据图纸，以轴向控制线为基准，放各区域厨、卫墙面四周瓦工粉刷完成面线； 2.根据图纸，以轴向控制线为基准，放各区域油工粉刷完成面线； 3.根据图纸，以轴向控制线为基准，放各区域硬包、软包完成面线

续表

放线步骤	第三步	1.根据图纸要求，以已放的控制线为基准，放家具、洁具等造型线； 2.根据图纸要求，以已放的控制线为基准，放空调、送回风口、检修口、喷淋头、烟感、广播、投影仪及投影幕、灯具孔等定位线，并在墙面放插座、开关等定位线。对暂时无法确定的造型，应留活口。以不影响大面积施工为控制原则
	第四步	根据图纸标注尺寸及使用要求，以通道中间控制线为基准线，调整门套内、外侧墙面完成面尺寸，并放线定位
	第五步	在生产过程中，一些原有的定位线会被施工作业所遮盖。此时应根据原有尺寸在相同位置重新放线

验收意见：

放线人：

验收人：

填表说明：
1. 本表单是在"方案确认"中的问题解决后，将施工平、顶、立面进行放样后验收时使用。
2. 基准线、基层面、完成面要精确细致，标识明确，"放线方位"按照"平面、顶面、立面"分别确定。
3. 放线完毕应及时请设计师到现场核对，并验收确认。

附件 4-7　重点工程施工生产周报

_____项目

施工生产周报

项目名称_____

合同名称_____

合同造价_____

实际开工日期_____

实际竣工日期_____

施工部门_____项目经理_____

施工主管_____施　工　员_____

一、本周施工进度、产值计划完成情况			
完成产值情况 （万元）	月计划	本月完成	周计划	本周完成
产值确认情况	上月产值情况		本月产值情况	
收付款情况	本周收款（元）	累计收款（元）	累计付款金额（元）	
签证情况	累计发生签证数	已签回签证数	已申报签证数量及动态	

形象进度	项目	上周计划完成	本周实际完成
	水电		
	木		
	瓦		
	油		
	石材		
	木饰面		
	不锈钢		
	…		

物资供应情况	材料名称	计划到场日期	实际供货情况	是否满足进度及配合度评价
	石材			
	瓷砖			
	木制品			
	不锈钢			
	玻璃			
	洁具			
	灯具及开关面板			
	…			

续表

施工人员考勤情况	工种	日期（＿＿＿年＿＿＿月＿＿＿日至＿＿＿年＿＿＿月＿＿＿日）							是否满足进度及配合度评价
		周六（人）	周日（人）	周一（人）	周二（人）	周三（人）	周四（人）	周五（人）	
	木工								
	瓦工								
	油漆								
	水电								
	拆除								
	木饰面								
	不锈钢及玻璃								
	保洁								
	其他								

二、甲方批准的总体进度计划完成情况统计表

施工区域名称	区域内工作节点	节点工期计划	总工作量	剩余工作量	计划／剩余（日历天数）	负责人电话

说明	工期为一年以内的工程，必须把总体进度计划全部输入表中；工期超过一年的工程，至少把本年度的进度计划输入表中，区域内工作节点分解到分部工程

三、截至本周一的工程总体进度（各项工作进程用完成百分比表示）要求：按照施工程序说明各区域目前已完成的分部工程中的最后一项，正在施工的分部工程中的分项工程，分项工程按完成其工作量的百分比表示。装饰装修阶段，墙、顶、地、外幕墙、屋面完成情况分别按百分比描述，其余装饰装修工作量综合在一起，按完成百分比描述。安装工作按综合百分比描述

四、总体工程进度完成情况分析
1. 本周工程总体进度与甲方批准的最新总体进度计划进行对比分析，明确关键线路上和甲方及各级主管部门目前关注的施工工序，说明这些工序的施工进度是否滞后、迟缓，分别找出进度迟缓、进度滞后的各项工作，明确进度滞后时间。
2. 说明工程进度滞后、迟缓的主要原因（主要写现实存在的、没有解决的问题）。

3. 说明目前该问题沟通解决的程度。 4. 说明工程进度是否可控。 5. 甲方对工程进度的意见与要求
五、本周发生的重大安全、质量事件
六、目前在工程施工中与甲方之间存在的可能导致投诉事件发生的主要矛盾与纠纷,矛盾沟通解决的程度
七、目前甲方资金状况、本月甲方付款情况及对工程进度的影响
八、目前甲方要求的重要节点工期
九、未来一周存在的高危风险源及防范措施(包括安全、质量及工期延误风险)
十、反映工程施工进度的照片
十一、甲方最近召开的工程例会纪要

附件 4-8 安全、文明施工协议

项目名称：   日期：

施工员		质安员	
甲方		乙方	

文明施工：

1. 乙方必须保证工人工资每月按规定定期足额发放到每一名工人手中，如出现工人因工资问题纠纷，甲方有权从剩余工程款中直接支付。作为处罚，甲方将不再与乙方结算支付工人工资后剩余的工程款。

2. 乙方必须遵守公司"日常奖罚制度"及"质量奖罚制度"。

3. 乙方在工地严禁吸烟，严禁随地大小便，上班需佩戴胸卡，穿工作服。

4. 乙方必须确保施工质量，按进度施工，按期竣工，不得拖延工期，如发生质量问题或拖延工期所造成的损失，由乙方承担。

5. 乙方领用拖线、电箱、铁梯等必须在仓库办理手续，并于完工后归还仓库。如发生所借工具丢失，由乙方负责赔偿。

6. 各工种在施工中产生的垃圾，必须自己及时清理（用蛇皮袋装好），每日2次，保持场地整洁，加工好的半成品、成品及剩余材料堆放整齐并及时做好成品保护。

7. 在施工过程中，乙方与其他工程应相互配合，互相协调，发生矛盾应通过工地管理人员协商解决，不得吵架、斗殴、影响施工。

8. 乙方必须教育下属施工人员安全施工、规范施工。如下属人员发生安全事故，及时报告项目部，维护好现场，采取急救措施，根据事故、事件的责任大小，承担相应的损失，甲方尽量改善安全施工的外部条件。

9. 严禁乙方下属施工人员擅自启动与本工种无关的电动工具，否则按有关规定处理，造成的伤、残、危害，由乙方负全部责任。

10. 乙方在施工过程中，不得擅自离岗，病、事假应经由工地负责人同意后方可离岗。

11. 乙方应注意施工安全。

12. 安全用电，严格遵守用电规范，未经触电保护器的拖线板，一律不得使用。

13. 凡需电焊、气割的动火作业，必须得到工地负责人的同意并办好动火证，配备灭火器，有监护人，清理周围可燃物后方可施工。

14. 在悬空交叉作业时，离地超过2m者，上层人员应系好安全带，工地施工人员应佩戴安全帽，帽带扣紧。

15. 特殊工种必须持证上岗，严格按规范操作。

16. 凡进入公司工作人员必须凭本人身份证到工地质安员处登记注册，经领导批准，签订本合同后方可进入工地施工。

17. 项目维修由甲方安排，材料、人工由乙方全部负责。

18. 同一班组中被甲方要求辞退的工人，不得在分公司工作，经发现将处以100元以上罚款。不得无故无理发生纠纷，否则按《中华人民共和国治安管理处罚法》处理。

19. 仓库领用材料由乙方指定专人按公司规定定时领取，其他人一律不得进入仓库。

续表

安全施工：

1. 有高血压、恐高症、肝炎等疾病的施工人员，由乙方在人员引进时严格把关处理。

2. 严格遵守安全生产法律、法规、制度和安全纪律。

3. 乙方在施工过程中，对各工种原材料应充分利用，做到物尽其用。临时油漆仓库配备灭火器及黄沙桶。每天领用的油漆等成品材料必须全部归库加盖，严防火种，保持场地整洁。

4. 乙方上、下班时间必须经施工员同意，工地施工员要求加班，无正当理由不得拒绝。

5. 气管及移动行灯、拖线按照工地要求能固定的必须固定，不能固定的必须排列整齐（靠墙）。

6. 乙方应为下属施工人员购买必要的保险，工人的医疗费一律由乙方自理。

7. 施工工地和宿舍严禁留宿他人，乙方应搞好宿舍卫生。

8. 乙方通过工地信箱向项目经理及公司建议、反映情况。

9. 施工人员工资每月造表由乙方领取发放。作业班组长拖欠工人工资由自己负责，工人不得到公司闹事，如有发生，将严肃处理。

10. 乙方必须遵守公司"日常奖罚制度"及"质量奖罚制度"。

11. 乙方仓库管理必须满足甲方的要求，并服从甲方仓管员的管理

附件 4-9 应急响应预案

项目名称：＿＿＿＿＿＿＿＿＿＿＿＿＿＿＿＿＿＿＿＿　　　　　日期：＿＿＿＿＿＿＿

项目经理		质安员	

1. 目的：

预防或减少潜在施工安全事故或紧急情况对施工安全、周边环境造成的影响，对可能出现的火灾、爆炸及油品、化学品等危险品泄漏、上下水及污水管道的破裂等重大环境危害的紧急情况进行预防和控制，保证人员安全、尽量避免、减少人员伤亡及对环境的影响和财产的损失。

2. 适用范围：＿＿＿＿＿＿＿＿＿＿＿＿＿＿＿＿＿＿＿＿＿＿＿＿＿项目

3. 引用相关文件：

《建筑业安全卫生公约》（中译本）	第 167 号公约
《中华人民共和国建筑法》	2019 年修正
《中华人民共和国安全生产法》	2021 年修正
《中华人民共和国消防法》	2021 年修正
《建设工程安全生产管理条例》	2004 年
《危险化学品重大危险源辨识》	GB 18218—2018
《生产经营单位生产安全事故应急预案编制导则》	GB/T 29639—2020

4. 应急准备管理体系

（1）公司成立应急领导小组

①公司应急领导小组组长：

分管工程管理副总经理：＿＿＿＿＿＿＿＿联系方式：＿＿＿＿＿＿＿＿＿＿

公司应急领导小组副组长：

区域经理：＿＿＿＿＿＿＿＿联系方式：＿＿＿＿＿＿＿＿＿＿

②组员：

区域工管人员：＿＿＿＿＿＿＿＿联系方式：＿＿＿＿＿＿＿＿＿＿

③办公地点：＿＿＿＿＿＿＿＿联系方式：＿＿＿＿＿＿＿＿＿＿

④区域办公地点：＿＿＿＿＿＿＿＿联系方式：＿＿＿＿＿＿＿＿＿＿

（2）项目成立应急准备小组

①项目部应急小组组长：

项目经理：＿＿＿＿＿＿＿＿联系方式：＿＿＿＿＿＿＿＿＿＿

②小组成员

管理人员：＿＿＿＿＿＿＿＿联系方式：＿＿＿＿＿＿＿＿＿＿

各作业班组长：＿＿＿＿＿＿＿＿联系方式：＿＿＿＿＿＿＿＿＿＿

电工、仓管员：＿＿＿＿＿＿＿＿联系方式：＿＿＿＿＿＿＿＿＿＿

现场办公地点：＿＿＿＿＿＿＿＿联系方式：＿＿＿＿＿＿＿＿＿＿

（3）安全事故／紧急情况发生后项目应急小组的具体分工如下：

①＿＿＿＿＿＿＿（项目经理）负责现场，其任务是了解掌握事故情况，负责现场抢救指挥。

续表

② _____（施工员）负责联络，任务是及时组织现场抢救，保持与当地建设行政主管部门、劳动部门等单位的沟通，并及时通知公司应急领导小组和当事人的亲属。

③ _____（质安员）负责维持和保护事故现场（以利于原因分析），做好问讯记录，保持与公安部门的沟通。

④_____ 、_____（班组长带班人）负责接待家属和妥善处理好善后工作。

（4）应急指挥流程图

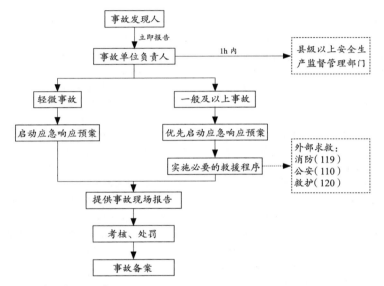

注："┄┄▶"表示非必须程序。

5. 应急准备

（1）应急准备工具

①应急工具：防火、防爆、防泄漏工具：灭火器、水桶、铁锹、黄沙桶等，放置在现场规定地点。

②急救用具：担架、医药箱（内备：止血绷带、急救药品等）、管钳、防毒面罩，放置在普通材料仓库。

（2）应急准备培训：

培训教育的内容：

①对应急小组人员进行岗位职责的分工和教育；

②对于疏散、救护人员消防知识和能力的教育；

③对于抢救摔伤人员应知应会知识和能力的教育；

④对于紧急切断电源、抢救触电人员知识和能力的教育；

⑤对于控制机械事故伤害、排除机械设备危害、防止机械事故继续扩大的教育。

（3）质安员做好培训教育的实施和记录。

①由质安员组织建立一支义务消防队，根据《应急准备和响应程序》组织义务消防演习，检验应急准备工作的充分性，并做好演习记录。

②在各班组的安全环境保护交底中，将工序涉及的危险源、预防措施、发生事故后避难和急救措施进行交代。

6. 应急响应

（1）一般（发生人身伤害或直接损失2万元以下）事故的应急响应：

①当一般事故／紧急情况发生后，当事人或发现人立即向项目经理汇报，并由应急小组组织采取应急措施，防止事态扩大，确保在非常情况的应急措施结束后危害不再扩大。

②项目经理组织应急小组对事故进行分析和处理，执行公司《应急准备和响应程序》。

（2）重大（发生人员死亡或直接损失2万元及以上）事故的应急响应：

①重大施工安全事故发生后，当事人或发现人立即向应急小组组长报告，在组长的统一指挥下同时采取应急措施，保护人员的安全和健康，阻止事态的继续和扩大，减少财产损失和环境影响。

②项目经理部组织应急小组对事故按应急程序进行处理，并立即报告主管工程管理的副总经理。应急领导小组相关成员立即到现场协助调查，执行公司《应急准备和响应程序》。

（3）应急报警和报告：

①向内部报警，简述：事故地点、事态状况、报警人姓名、联系电话。

②向外部报警，详细准确报告：事故地点、单位、电话、事态状况及报警人姓名、单位、地址、电话。发生火灾等紧急情况时还要派人到主要路口迎接消防车和急救车。

③上报：紧急事故结束后，事故发生所在项目的负责人，应在24h内填写"事故、事件报告书"，一式两份，自留一份，一份报送工程管理公司，执行公司《应急准备和响应程序》。

7. 安全事故及环境紧急情况的应急响应措施

（1）应急措施的一般规定：

①可能发生的安全事故／紧急情况有：高处坠落／物体打击、脚手架坍塌、触电、火灾（爆炸）、机械伤害和其他事故。

②各种事故的报告、调查、处理在调查和审查事故情况报告出来以后，应作出有关处理决定，重新落实防范措施，并报公司应急领导小组和上级主管部门，执行公司《应急准备和响应程序》。

（2）高处坠落／物体打击的应急措施：

①不论任何人，一旦发现有人从高处坠落或遭受物体打击应立即大声呼救，报告责任人（项目经理或管理人员）。

②项目管理人员获得求救信息并确认高处坠落或遭受物体打击的事故发生以后，应：

A 立即组织项目职工自我救护队伍进行施救，本项目部急救药箱存放在仓库；

B 分清可能造成的伤害部位：颅脑损伤、胸部创伤（如肋骨骨折）、胸腔储器损伤、腹部创伤等。

③急救时应注意保护摔伤及骨折部位：

A 避免因不正确的抬运使骨折错位造成二次伤害；

B 若有人员昏迷或受伤较严重时，拨打急救电话"120"或送医院救治，派人到主要路口迎接急救车；

C 送医院途中不要乱转病人的头部，应该将病人的头部略高一些，昏迷病人还应采取侧卧位，防止呕吐物吸入肺内。

（3）脚手架坍塌事故的应急措施：

①不论任何人，一旦发现有脚手架、操作平台等施工设施坍塌的可能性，应立即呼叫在场全体人员进行避让。

②现场人员应迅速通知项目经理或施工员，请求项目应急小组的支援，并拨打电话及时向公司应急领导小组领导报告事故的发生情况。

③若有人员昏迷或受伤较严重时，拨打急救电话"120"或送医院救治，派人到主要路口迎接急救车。

④现场急救人员在急救车到来以前，应对受伤人员进行急救。本项目部急救药箱存放在仓库。

⑤在没有人员受伤的情况下，现场负责人应根据实际情况研究补救措施，在确保人员生命安全的前提下，组织恢复正常施工秩序。

（4）触电事故的应急措施：

①有人触电时，抢救者首先要立刻断开电源（拉闸、拔插头）：

A 如触电距开关太远，用电工绝缘钳或干燥木柄铁锹、斧子等切断电线/断开电源；

B 用绝缘物如木板、木棍等不导电材料拉开触电者或者挑开电线，使之脱离电源；

C 切忌用手或金属材料直接去拉电线和触电的人，以防止解救的人同时触电。

②触电人脱离电源后：

A 如果触电人神志清醒，但有些心慌、四肢麻木、全身无力，或者触电人在触电过程中曾一度昏迷，但已清醒过来，应使触电人安静休息，不要走动，严密观察，必要时送医院诊治；

B 如果触电人已失去知觉，但心脏还在跳动，还有呼吸，应使触电人在空气清新的地方舒适、安静地平躺，解开妨碍呼吸的衣扣、腰带，若天气寒冷要注意保持体温，并迅速请医生（或拨打120）到现场诊治；

C 如果触电人已失去知觉、呼吸停止，但心脏还在跳动，尽快把其仰面放平进行人工呼吸；

D 如果触电人呼吸和心脏跳动完全停止，应立即进行人工呼吸和心脏胸外按压急救。

③在拨打电话"120"的同时，派人到主要路口迎接急救车。

（5）火灾（爆炸）的应急措施：

①立即报警。当接到施工现场火灾发生信息后，项目应急小组立即拨打"119"火警电话，派人到主要路口迎接消防车和急救车，同时报告公司应急领导小组。

②组织自救。项目应急小组应立即组织义务消防队员和员工进行扑灭火灾：

A 按照"先控制、后灭火；救人重于救火；先重点、后一般"的灭火战术原则。

B 派人及时切断电源，接通消防水泵电源，组织抢救伤亡人员。

C 隔离火灾危险源和重点物资，充分利用施工现场中的消防设施器材进行灭火。

D 迅速转移氧气、乙炔瓶到安全地带。

E 自救时控制火势蔓延的方法：

建筑物起火，一端向另一端蔓延，应从中间控制；

中间着火，两侧控制；

楼层着火，上下控制，以上层为主。

③协助消防队灭火。在自救的基础上，当专业消防队到达火灾现场后，火灾事故应急小组要简要地向消防队负责人说明火灾情况，并全力支持消防队员灭火，要听从专业消防队的指挥，齐心协力，共同灭火。

④发生爆炸爆燃事故后：

A 要迅速将烧伤人员脱离火源，剪掉着火衣服，采取有效措施，防止伤员休克、窒息、创面污染；

B 必要时可用止痛剂，喝淡盐水。在现场除化学烧伤外，对创面一般不作处理，有水疱一般不要弄破，用洁净衣服覆盖，把重伤员及时送医院救治。

⑤现场保护。当火灾发生地扑救完毕后：

A 指挥小组要派人保护好现场，维护好现场秩序，等待对事故原因及责任人的调查；

B 同时应立即采取善后工作，及时清理，将火灾造成的垃圾分类处理并采取其他有效措施，将火灾事故对环境造成的污染降低到最低限度。

（6）机械伤害事故的应急措施：

①当发生断手（足）、断指（趾）的严重情况时：现场要对伤口包扎止血、止痛、进行半握拳状的功能固定。

A 将断手（足）、断指（趾）用消毒和清洁的敷料包好，切忌将断指（趾）浸入酒精等消毒液中，以防细胞变质。

B 将包好的断手（足）、断指（趾）放在无泄漏的塑料袋内，扎紧袋口，在袋周围放些冰块，或用冰棍代替 [切忌将断手（足）、断指（趾）直接放入冰水中浸泡]，速随伤者送医院抢救。

②当发生头皮撕裂伤时，必须及时对受伤者进行抢救，采取止痛及其他对症措施：

A 用生理盐水冲洗有伤部位，涂红汞后用消毒大纱布块、消毒棉花紧紧包扎，压迫止血；

B 同时拨打"120"或者送医院进行治疗。

（7）由化学品危险品造成身体伤害的应急措施：

①当发生酸碱（硫酸、盐酸、硝酸、氢氧化钠、氢氧化钾、石灰、氨水等）烧伤眼睛时：

A 烧伤后冲洗患眼是最迫切有效的急救方法；

B 酸碱烧伤后必须立即用清水冲洗眼睛 15min；

C 如现场无清水可用，池塘水、沟水、井水均可。无人协助的情况下，可倒一盆水，双眼浸入水中，用手分开眼睑，做睁眼、闭眼、转动眼球动作，一般冲洗 30min。

②若眼睛被柴油、煤油、汽油、热油、蒸汽等烧伤，立即送伤者到附近医院急救。

（8）食物中毒的应急措施：

①亚硝酸盐常作为工业用防冻剂，在建筑施工中常见，施工现场要加强亚硝酸盐的保管，警惕误食亚硝酸盐中毒，并注意：

A 不吃腐烂变质的蔬菜瓜果和未腌透的咸菜；

B 不用温锅水和枯井水煮粥、做饭。

续表

②发现饭后多人（3人以上）有呕吐、腹泻、头昏、心悸等不正常症状时：

A 要让患者大量饮水，刺激喉部使其呕吐，并立即将其送往医院；

B 及时向当地卫生防疫部门报告，并保留剩余食品以备检验。

（9）油料及化学品泄漏的应急措施：

①当发生汽油、柴油等油料以及各类化学危险品泄漏时，及时清理干净被污染场所。

②油品及化学品在采购、运输、储存、发放中发生的泄漏由材料采购人员负责清理；机械设备在使用过程中发生的泄漏由使用的班组负责清理。

（10）在重大节日、大型活动发生意外情况的应急措施：

①必要时与辖区公安机关取得联系，视活动的项目、内容、周围的社区治安状况，配备警卫人员维护活动现场。

②限制参加活动人员的活动范围、活动场所，设治安防范、防火、防爆标识牌。

③有条件可设专用安全通道、吸烟室，严禁燃放烟花爆竹。

（11）上、下水管道及污水管道破裂的应急措施：

①一旦发生泄漏，应及时关闭上流总阀门，并派专人负责上、下水管道的检查与维修，排除事故隐患。同时对泄漏水进行疏导使其进入其他排水管道，同时应急人员对泄漏管道进行维修，排除险情。

②污水管道破裂后，对溢出地面的污水进行疏导，使其进入其他污水管道，严禁污水四溢，造成对环境的污染。同时报告市政污水管理维修部门，派人进行及时维修。

（12）洪水、台风的应急措施：

①发生洪水和台风时，应急领导小组要立即组织人员准备锹、蒲包、担架等相关应急物资和抢险救灾工具，进行救灾抢险工作。

②积极配合相关部门，做好人员疏散安排工作，及时指挥应急人员对下水管道等进行疏通和维修，避免险情的扩大。

编制人（质安员签名）：

审核人（项目经理签名）：

审批人（公司质安负责人）：

填写说明：

1. 应根据项目的实际情况对本预案进行删减和增加，进场后 15 日内打印出来，报主管部门备案。

2. 预案的测试周期最长不得超过 3 个月，测试包括培训、模拟、演习，要因地制宜采取适当的测试方式。

3. 培训、模拟、演习和获知发生其他事故的应急救援后，要对本预案进行评审，并记录在本附件中。

附件 4-10　场界内噪声测量

项目名称：　　　　　　　　　　　　工程地点：

测量仪器型号							气象条件	
风力（级）							气温（℃）	
测试时间								
测点	敏感区域测量记录						背景/场界计算值	
背景噪声								
场界噪声								

点位置建筑施工场地示意图　　　建筑施工场地及其边界线，测点位

说明：
声级计加防风罩　　　无夜间（22 点至次日 6 点）施工

固定设备噪声测量	设备名称	测 量 记 录					背景/场界计算值	

测量：　　　　　　　记录：　　　　　　　计算：

日期：　　年　　月　　日

第5章 施工项目资源管理

5.1 项目人力资源管理

项目人力资源管理是指对项目经理部的人力资源进行计划、培训、配置、评估和激励等方面的管理工作。项目经理部应编制人力资源需求计划、人力资源配置计划和人力资源培训计划,确保人力资源的选择、培训和考核符合项目管理需求。施工企业应对项目的人力资源管理方法、组织规划、制度建设、团队建设、使用效率和成本管理进行分析和评价,以保证项目人力资源符合施工项目的管理要求。

5.1.1 人力资源需求计划

人力资源需求计划是施工企业根据项目的管理目标,结合企业有关项目团队配置的标准,通过对项目未来人力资源需求的预测,确定完成施工项目所需人力资源的岗位和数量,而预先进行系统计划安排的过程。

(1)岗位设置。

根据项目的生产需要、项目职责分解及工作流程等进行项目经理部岗位设置。确定人员岗位时应充分考虑项目规模、管理难度、客户诉求等因素。

(2)人员数量。

项目管理人员数量的确定应根据岗位编制计划,结合项目的合同额与施工进度,通过项目总合同额对项目人员数量进行总体控制,通过月度产值计划对项目人员数量进行加权平均控制。

(3)动态调控。

项目经理部根据施工计划的需求,设置全部或部分岗位。随着施工进程逐步展开,应根据实际情况对项目经理部各岗位人员的进场与退场做到动态调控。

5.1.2 人力资源配置计划

项目经理部应根据人力资源需求计划对管理人员数量、岗位名称、知识技能等方面的要求，结合企业项目人力资源配置标准，制定岗位人力资源配置计划。项目管理人员的岗位配置应充分考虑施工项目进度计划实现，使人力资源得到充分利用，降低项目现场管理成本。

5.1.3 人力资源管理

人力资源管理应包括人力资源的选择、订立劳动合同、教育培训和评估考核等。

（1）人才资源的选择。

在施工项目人力资源管理中，明确人才的具体需求至关重要。要筛选出具备相关专业技能和知识的候选人，如工程技术和项目管理等。有施工项目经验的人才更能应对行业特点和挑战。团队协作能力、良好的沟通能力、较强的适应能力以及高度的责任心也是选择人才的重要考量因素。

（2）订立劳动合同。

与员工订立劳动合同，应明确合同条款，包括工作内容、工作时间、薪资待遇、福利、离职规定等。要确保合同符合法律法规，避免法律风险。此外，如有必要，可加入保密条款和竞业限制条款，保护项目商业秘密和竞争优势。最后，合同需双方签字盖章，并妥善保管。

（3）教育培训。

人力资源培训计划包括新员工的上岗培训、全体员工的继续教育以及各种专业培训等。培训计划涉及培训政策、培训需求分析、培训目标的建立、培训内容、培训方式。管理人员培训包括岗位培训、继续教育和学历教育。培训内容包括规章制度、技术标准、安全文明等方面。

（4）评估考核。

项目经理部应为每个员工设定清晰的目标，进行多角度评估，包括工作成果、态度、团队合作和沟通等方面。同时，采用量化指标衡量成果，通过面谈了解员工。根据评估结果给予奖励、晋升或培训，不断完善评估体系，以激发员工的积极性，提高工作质量。

5.2　项目资金管理

项目资金管理是项目经理部根据项目施工过程中的资金运动规律，进行资金计划编制、资金收支预测、资金垫付筹措、资金核算分析等一系列管理工作。项目资金管理要以确保收入、节约支出、防范风险和提高效益为目标。项目经理部应编制项目资金需求计划、收入计划和使用计划，按计划控制项目资金开支；按会计制度设立资金台账，记录项目资金收支情况，对比收支的计划与实际情况，分析偏差原因，改进资金管理措施，实施财务核算和盈亏盘点。施工企业应结合项目成本核算与分析，进行项目资金收支情况和经济效益考核评价。

5.2.1　项目资金管理计划

项目资金管理计划的编制应根据施工合同工程款支付条款和项目生产计划安排，预测项目施工周期内资金收入的金额与节奏，安排好工、料、机等费用资金的分阶段投入，做好收入与支出的平衡。编制项目总资金计划，主要是掌握好工程款到位情况，协调好企业筹措垫付资金的额度，安排好下游资金分期支付，确保项目现金流总体平衡。月度资金收支计划的编制要以收定支、量入为出，其是项目总资金收支计划的落实和调整，要结合月度生产计划的变化，安排好资金收支平衡。

（1）资金收入预测。

项目资金收入是根据完成工程量，按项目合同价款收取的。在施工项目实施过程中，应从收取工程预付款开始，每月按工程进度收取进度款，直至收取最终竣工结算款。项目经理部应依据项目施工进度计划及施工合同，按时间段测算收入金额，做出项目收入预测表，绘出项目资金按月收入图及项目资金按月累加收入图。

（2）资金支出预测。

项目资金支出预测的依据是成本费用控制计划、施工组织设计和材料、物资储备计划。根据以上依据，测算出随着施工项目的实施，每月预计需支出的人工费、材料费、机械使用费等各项费用，使整个项目费用的支出在时间上和数量上有一个总体概念，以满足项目资金管理上的需要。

（3）资金收支对比。

将施工项目资金收入预测累计结果和支出预测累计结果绘制在一个坐标图上，绘制出现金收入与支出对比示意图。

5.2.2　项目资金收支管理

项目经理部应建立健全项目资金管理责任制，项目经理负责项目资金的日常使用管理，并建立《项目经理部资金使用台账》（附件5-1）。项目资金管理应本着促进生产、适度负债、以收定支的原则。施工企业财务管理部应遵守财经法纪，按照企业文件规定的审批权限和审批程序开展工作，坚决抵制一切不符合相关规定事项，并予以拒付。

（1）项目资金收入。

项目资金收入来源主要是建设单位根据施工合同付款条件与完成施工产值支付的工程备料款与分期结算进度工程款。除建设单位支付款项外，项目经理部还应通过企业总部，根据项目进度特殊要求，调剂垫付部分工程资金，用来解决项目施工过程中出现的短期资金缺口。

（2）项目资金支出。

项目资金支出包括按劳务分包合同付款条款及过程结算支付的劳务工资；按材料采购合同与供货数量支付的材料款；按采购员报销凭证支付的零星采购材料款；按企业定额摊销的项目现场管理费与公司总部管理费；以及按规定缴纳的国家的各项税费等。

5.2.3　资金的风险管理

项目经理部应密切关注建设单位资金到位情况，在已经发生垫资施工的情况下，要适当掌握施工进度，以利于回收资金。如果出现工程垫资超出原计划控制幅度，要考虑调整施工方案，压缩施工规模，甚至暂缓施工，并积极与建设单位协调及时支付工程款。

（1）项目经理部应及时向建设单位足额上报施工进度验工计量计价，验工批复后及时提出付款申请，核对应收款项，及时办理收款手续。

（2）对建设单位不按合同付款、拖延付款等造成事实拖欠项目款项的情况，应及时与建设单位沟通，分析拖欠原因，制定清欠方案，并上报企业财务管理部备案。

工程竣工结算完成后，项目收款进入尾款及保修款管理阶段，企业应编制工程竣工结算尾款及质量保证金的清收计划，落实责任人及奖惩措施。

5.2.4　资金使用分析与评价

项目经理部应进行资金使用分析，对比计划收支与实际收支，找出差异，分析原因，改进资金管理。施工企业应结合项目成本核算与分析，进行资金收支情况和经济效益考核评价。

5.3　项目劳务管理

施工项目所需劳务资源的预测、部署和安排，是指导与组织劳务管理工作的依据，是降低成本、加速资金周转、节约资金的一个重要因素。项目经理部应编制劳务需求计划、配置计划和人员培训计划，确保劳务队伍选择、分包合同订立、施工过程控制、劳务结算、劳务分包退场满足施工项目管理要求。项目经理部应定期根据项目需求对劳务人员进行专项培训，特殊工种和相关人员应按规定持证上岗。施工现场应实行劳务实名制管理，并建立劳务突发事件应急管理预案。施工企业应根据项目劳务管理水平及相关制度进行考核评价。

5.3.1　劳务需求计划

项目经理部应根据施工项目总进度计划与项目总体工程量，参照概预算编制办法及有关资料，制定合理的《主要劳务资源需求计划》（表 5-1），确保劳务作业人员没有不必要的进场、退场及窝工，使劳务资源得到充分利用，降低工程成本。劳务资源需求计划编制步骤如下：

（1）劳务资源需求统计。

根据合同清单工程量、施工图预算以及施工组织设计中的进度计划，统计出各工种劳务资源的总工程量。对需求的劳务工种进行分类统计。

（2）劳务资源定额预算。

根据统计的劳务资源工种，结合企业内部劳动生产率定额与指导价，计算出各工种劳务资源的需求工人工日数量及指导控价。

（3）劳务资源需求计划。

根据各劳务工种施工顺序及延续时间和人数，经劳动力高峰及低谷综合平衡后，统计计划期内应调入、调出以及补充的各工种人员变化情况，制定劳务资源需求计划。

表 5-1　主要劳务资源需求计划

项目名称：

工作内容	工种	工程量	定额总工日	计划工人数	工期

5.3.2　实名制管理

劳务承包人进场施工前应办理进场手续，缴纳履约保证金或提交履约保函，递交规范用工承诺书，将劳务人员花名册、劳动合同原件、身份证复印件、体检健康证明、特殊工种等级证书复印件交项目经理部备案。

（1）建立花名册。

劳务人员进场应即时办理身份认证、工资卡登记、进场安全教育、出入证等进场手续。项目经理部应督促劳务承包人建立劳务人员花名册，并将花名册动态及时、准确地报项目经理部备案。

（2）实名制备案。

劳务承包人进场后，按项目当地政府主管部门要求进行实名制备案。劳务承包人应当建立劳务管理保障体系，配备劳务管理员，落实施工人员实名制管理工作，履行对用工行为的监管职责。

（3）实名制考勤。

项目经理部应设置考勤机对劳务人员上下班进行实名制考勤，为测算劳务承包人总用工量提供切实数据，也可有效防止劳务人员恶意讨薪。

（4）劳务工资监督。

项目经理部应每月根据实名制考勤记录审核劳务人员工资表，企业财务根据经审核的工资表发放劳务工资至本人工资卡。特殊情况由劳务承包人垫付或代发劳务工资时，应由项目经理部派专人旁站监督。

5.3.3 劳务日常管理

项目经理部应根据劳务承包合同、协议等法律文书及企业劳务管理规定，对劳务承包人的工程质量、生产安全、施工进度、职业健康、环境保护等方面进行有效管理。劳务承包人应遵守国家、行业、地方政府的有关法律、法规、规章制度和技术标准，严格履行合同约定的各项责任与义务。

（1）建立管理体系。

项目经理部应建立包括劳务队伍、作业层实体管理人员在内的安全质量管理体系，并明确各自的管理职责。

（2）签订责任书。

项目经理部应对劳务相关人员进行施工工艺、质量标准、安全生产、文明施工等的书面交底，并制定工程质量、安全生产、消防治安等责任书。

（3）培训与检查。

项目经理部应依据项目需求进行劳务人员专项培训，督促劳务承包人自身安全管理，抓好班前、岗前教育和班组质量安全活动。开展安全生产、工程质量定期检查和日常排查，对存在的问题提出限期整改要求，对整改未到位的采取措施予以纠正，情节严重的应解除合同。

（4）突发事件管理。

项目经理部应建立劳务突发事件应急预案并定期开展应急救援演练。一旦发生突发事件，立即启动应急救援预案，及时上报，并采取有效措施，疏散人员，开展自救，确保伤者在最短时间内得到最好的救治，最大限度地降低财产与人身损失，快速消除社会影响。

5.4 项目材料管理

项目材料管理是为顺利完成工程施工任务，满足生产需求，减少库存积压浪费，降低生产成本所进行的计划、采购、加工、运输、库管、使用、回收和利废等一系列管理工作。项目经理部应制定材料管理制度，规定材料的限额领料、使用监督、回收过程，并应建立材料使用台账。编制工程材料与设备的需求计划和使用计划，确保材料供应单位选择、采购供应合同订立、进场验收、储存管理、使用管理及不合格品处置等符合项目材料管理要求。施工企业应对项目材料管理以及相关制度进行监督和考核。

5.4.1 材料需求计划编制

材料需求计划是指施工项目从开工到竣工或到计划工程节点所需的一次性或阶段性材料需用计划。项目经理部应根据总体施工部署和施工总进度计划，确定各类材料数量与到场时间、周转材料的进退场时间，编制《主要物资资源需求计划》（表5-2），并作为整个项目材料采购、单元材料消耗量控制的计划目标。科学合理的材料设备配置计划，是确保证项目施工顺利进行，降低采购资金占用成本的基础。材料需求计划编制步骤如下：

（1）材料资源需求统计。

项目采购负责人根据物料统计表，与建设单位（或设计单位）落实材料的选样定样工作。各类材料要明确名称、规格、型号、质量（技术要求）、数量及进场时间等。需深加工定做的物料应附图纸，并注明加工要求。

（2）材料资源定额预算。

根据施工图及工程量清单的工程量统计，再结合各分部分项工程相对应的材料消耗定额，计算求得材料需用量，并分类汇总求得各材料总体需求用量。

（3）材料资源需求计划。

根据施工进度计划与施工部署情况，在确定各施工计划节点材料需用量的基础上，汇总各施工单元所需各种材料的规格、供货数量、供货批次以及到场时间等，制定资源需求计划。

表 5-2　主要物资资源需求计划

项目名称：　　　　　　　　　　　　　　　　　　　　　　　日期：

材料名称	规格型号	计量单位	所需数量	计划进场时间

5.4.2　材料资源日常管理

项目经理部应监督执行劳务班组对材料的领料、使用、回收过程，并建立材料使用台账。材料进场点验、储存管理、使用管理及不合格品处置等应符合企业有关材料管理规定要求。施工企业应对项目经理部的工程材料与设备计划、使用、回收以及相关制度执行情况进行考核评价。

（1）材料进场点验。

项目施工员应负责对进场材料的数量和质量验收把关；材料进场时根据材料申请计划、送料凭证、质量保证书或产品合格证，对材料的数量以及品种、规格、型号等进行验收。

材料质量检验方法有书面检验、外观检验、理化检验和无损检验四种。验收后做好记录、办理验收手续；对不符合要求的材料应拒绝验收。对大宗物资、批量物资实行施工班组、项目施工员两人或以上共同验收制度;甲供材料实行三方共同验收制度,施工班组、项目施工员、建设单位或监理单位共同验收。相关人员按要求在原始验收记录单(送货单或收料单)或《进场/入库物资验收登记簿》(表5-3)上签字。

表5-3　进场/入库物资验收登记簿

项目名称:　　　　　　　　　　　　　　　　　　　　　　　供货单位:

材料名称	品牌规格	单位	应收量	实收量	送货单号	质量文件	验收情况	验收人		存料地点
								项目	班组	

(2)材料检验和试验。

对于需要检验和试验的材料,项目物资管理人员在物资到达时需及时通知工程试验人员做好取样试验,填写《物资送检台账》(表5-4)。

表5-4　物资送检台账

项目名称:

材料名称	品牌规格	代表数量	送检日期	检验单位	检验结果	报告编号

(3)材料入库建账。

材料进场并经点验合格后,应由项目仓管员及时办理入库手续,建立《物资入库台账》(表5-5)。入库台账主要反映供货单位、采购人员及验收人员的基本信息,是材料经验收入库付款的基本依据。如供货商没有及时开具发票,应在月底前对到库物资进行预点入账,待正式发票到后再对预点单进行冲减。材料入库后应存放合理、保管得当，并对材料按要求进行分类标识；施工现场暂存材料必须做好防火、防盗、防雨、防变质、防损坏措施。对甲供材料按合同约定，做好材料的质量、样品、价格确认手续；按合同规定，组织材料进场、验收、检验、储存、使用管理；及时办理结算手续。

表 5-5　物资入库台账

项目名称：

材料名称	品牌规格	计量单位	申购单号	送货单号	数量	供货单位	入库日期

（4）材料动态盘点。

招标采购部应利用信息化管理手段处理材料动态管理的基础业务，每月定期编制物资收、发、存动态表、周转材料摊销单等，财务管理部按月审核单据，进行对账处理。每月月末（25 日左右），项目仓管员应把当月的点验单和领料单装订成册，并填写《物资动态汇总表》，交财务管理部备案。

项目经理部实行材料月末盘点制度。材料盘点应与项目验工计价、进度结算同步。库存盘点不仅包括库房及料场的原材料库存，还包括各工序未投入使用的原材料、半成品现场库存。项目仓管员应配合企业主管部门对库存物资按月盘点，并填写《库存物资盘点表》（表 5-6），对盘点出现的问题或物资丢失、损坏应及时进行书面报告。财务管理部应设置存货明细账，并按存货种类进行明细核算，项目仓管员应设置实物明细账，每月月末编制物资动态表，并与财务部门存货明细账核对，保证账物相符、账账相符。

（5）材料核算分析。

项目经理部应对主要材料坚持"月核算、季分析"的核算原则，定期开展材料核算工作。每季度应进行一次详细的"量、价、费用"

三方面的材料核算、分析，基础数据真实完整，不足一季即完成的项目可按一次分析。根据施工班组所完成的工程量，对其所用材料消耗进行核算，并定期考核；分析节超原因，提出改进措施，并对损耗材料按合同约定进行奖罚。

表 5-6　库存物资盘点表

项目名称：　　　　　　　　　　　　　　　　　　日期：

名称	品牌规格	单位	实存数量	账面数量	盘盈（＋）盘亏（－）	破损／变质

5.4.3　材料限额管理

项目经理应在项目开工初期，组织项目全员开展施工单元的划分工作，并根据施工预算和材料消耗定额，计算出各施工单元各种材料的消耗量预算。待施工样板完成后，进一步夯实材料消耗量数据后，作为班组领用材料的限额。材料使用限额领料制度可按以下方面进行：

（1）由施工员根据施工预算和材料领用限额，签发施工任务书和限额领料单。项目预算员根据施工单元工程量，核定所申请材料限额数量。审核无误后，交由承担施工生产的班组凭单领料。

（2）班组无领料单或领料超过限额数，仓管员有权停止发料，并通知负责施工的施工员核查原因。属工程量增加的，增补工程量及限额领料数量；属操作浪费的，按有关奖罚规定定期办理，赔偿手续办好后再补发材料。

（3）限额领料单随同施工任务单当月同时结算，已领未用材料需办理退料手续，在结算的同时应与班组办理余料退库手续。

（4）班组使用材料实行节约有奖、浪费赔偿、奖赔对等的原则，按材料相对限额的节超比例奖罚班组。奖罚金额可与进度结算或完工结算合并计算。

5.4.4　材料领发管理

项目经理部应依据《主要物资资源需求计划》，建立《主要物资限（定）额供应台账》（表5-7），按照材料计划执行，定额控制；根据施工进度分次、分批发放，办理领发料手续，填写领料单。严禁一次性超计划供应。

表5-7　主要物资限（定）额供应台账

项目名称：

材料名称	品牌规格	计量单位	单价	限额总量	累计申购	剩余额度	供货方式

（1）劳务班组的材料发放应按发包合同规定进行，领料必须是劳务承包人委托的有权领料人签字；项目经理部对劳务班组的施工用料进行动态管理，及时掌握现场材料消耗情况，严禁劳务班组在施工过程中偷工减料，以及将施工用料或工地剩余物资对外处理或销售。

（2）劳务班组进场后，应单独设立1~2名领料员。该人员由劳务班组负责人（签约人）直接委任，并附正式委托书一份，由签约人签字盖章，留项目部备案，施工队伍所需各种料具均由该人员签领，其他人员无权办理签领手续。

（3）《材料领用单》（表5-8）是仓库发料的凭证，反映的是领用单位及材料使用方向，应注明材料使用工程部位。凡工程用料，凭限额领料单领发材料；超限额的用料，用料前办理手续，填写超限额领料单，注明消耗原因，经签发批准后实施；建立领发料台账，记录领发状况和节超状况。

（4）项目施工员在开发领料单时，如在封闭的库房内领料，必须先开领料单才能到库房内领料；在现场存放的砂石、砖、石材等材料，不能办理正常出入库手续，应在材料进场后，联合施工班组对材料数量、质量进行验收并将材料下发对应班组，同时做好入库与出库的手续，做好保管责任的移交。

表5-8　材料领用单

项目名称：

材料名称	品牌规格	单位	领用数量	拟用部位	领用人	日期

（5）劳务班组劳保用品发放，由仓管员填写发放记录并填写《劳保用品发放记录》（表5-9），并按采购成本抄送企业商务合约部内审员，在劳务分包结算中给予核减相应金额。

表5-9　劳保用品发放记录

项目名称：

用品名称	品牌规格	单位	数量	领用人	日期

5.4.5 周转材料管理

周转材料管理的要求是在保证施工生产的前提下，减少占用，加速周转，延长寿命，防止损坏。为此，周转材料应首选租赁，对施工项目实行费用承包，对班组实行实物损耗承包。项目经理部应建立健全周转材料及电箱、电缆的收、发、存、领、用、退、租赁台账，加强周转材料的现场管理。施工企业应建立周转材料调剂平台，发布指导价，定期更新信息，优先在企业内部项目间进行调剂、租赁。

（1）项目经理部在编制施工组织设计时应进行周转物资经济技术评审，尽量选择使用通用周转物资，合理安排进出场时间，减少周转物资使用时间，降低使用成本。

（2）电箱、电缆采用分期摊销法摊销，木制周转材料摊销期限最长不超过2年，铁制周转材料最长不超过4年，专用及其他周转材料一次性摊销。

（3）施工班组授权领料员负责电箱、电缆（二级箱以下的电缆及三级箱可按合同约定由班组自行提供）的领用，并在领料单（新品出库时需填写领料单，作为工程成本支出）和物品保管卡片上签收确认。

（4）钢管、扣件实行"谁使用谁负责"制度，施工单位采购和租赁钢管、扣件时，要查验和保存营业执照、生产许可证、产品合格证、检测报告等资料。

（5）单价在2000元以下且可以重复周转使用的各种低值易耗物品，由物资使用部门进行实物管理，低值易耗品领用时采取一次摊销法进行摊销。

5.4.6　调价资料管理

因工程设计变更或施工期间物价变动所产生的材料价格调差，预算员与项目采购员及时收集采购时段的价格变动信息、材料采购相关资料、原始票据等各种凭证，并妥善保存，企业成本合约部内审员做好各项目的变更签证台账。

5.4.7　余废材料处理

劳务班组完成相应施工任务后，施工余料应及时回收再入库，及时办理退料手续，并在限额领料单中登记扣除。设施用料、包装物及容器在使用周期结束后组织回收，建立回收台账。项目经理部应对工地所有剩余材料和废旧物资清点造册、评估并提出处理意见，报企业总部批准后执行。仓库废品应定期清理、登记后卖出，并填写《卖出废品月报表》（表5-10），卖出废品的现金直接上交财务，禁止账外处理。

表 5-10　卖出废品月报表

项目名称：　　　　　　　　　　　　　　　　　　　日期：

废品名称	数量	卖出金额	时间	确认人

5.5　分包 / 供方管理

施工企业应建立劳务资源分包方与建筑材料 / 构配件、施工机具等产品资源供应商相关的分包 / 供方管理制度，根据项目生产经营特点、工程规模和复杂程度选择匹配的分包 / 供方资源，对项目选定的劳务与材料资源（包括建设单位指定分包 / 供方）进行分包 / 供方的过程管控，并对其质量、安全、职业健康等行为施以影响，确保各项采购资源符合项目施工的要求。

分包 / 供方管理以企业招标采购部为主责部门，采用企业工程管理部、商务合约部、项目经理部多级管理体系。招标采购部负责制定、执行并监督分包 / 供方管理程序，定期组织新分包 / 供方的入库考察，定期组织对分包 / 供方进行评价，定期更新发布《合格分包 / 供方名录》（表 5-11）；工程管理部负责对建立项目合作的分包 / 供方业绩情况进行收集、汇总、分析，对分包 / 供方的服务质量等方面进行监督、检查与评价；项目经理部应积极参与项目拟用分包 / 供方资源的考察、评价和选择，并认真做好项目分包 / 供方的日常管理工作。

表 5-11　合格分包 / 供方名录

合格分包 / 供方名称	类型	通信地址	联系人	电话	备注

5.5.1　分包 / 供方考察

项目进场后，项目经理部在企业招标采购部组织下，进行项目周边区域内劳务、材料等资源的市场调查，调查内容包括当地及周边主要分包 /供方资源（劳务 / 材料）情况与价格情况等。调查分施工前、施工中，定期、不定期调查，并撰写书面调查报告或调查纪要备案。项目经理部应从项目实际出发，根据企业发布的《合格分包 / 供方名录》、建设单位推荐或指定的分包 / 供方名单，参照评价准则及其承揽能力，列出候选对象。对于不在《合格分包 / 供方名录》内的分包 / 供方需进行调查考察，并完成《分包供方调查 / 考察审批表》（附件 5-2）或《劳务 / 专业分包供方调查 / 考察审批表》（附件 5-3）。经考察并经企业相关部门评审"合格"的分包 / 供方，纳入企业资源库《合格分包 / 供方名录》。

（1）劳务分包方考察。

劳务分包方考察包括对其企业资质、技术能力、施工能力、技术装备、质量、环境及安全管理情况、人员素质（包括取得职业资格证书的人数、特种作业人员持证上岗情况）、承接规模、实际业绩、社会信誉等方面的考察。

①企业营业执照、资质等级证书及有效期；

②安全生产许可证，以往有无重大伤亡事故调查；

③人员数量及持证情况（身份证、居住证、健康证、就业证、资格证）；

④证件有效性是否符合当地政府和行业主管部门对劳务人员的持证要求；

⑤以往工程业绩和社会信誉等。

（2）材料供应商考察。

材料供应商考察包括对其企业资质、营业执照、质量、环境、职业健康安全管理体系认证、生产规模、履约能力、销售业绩、社会信誉，以及产品的检测报告、认证标志和合格证明文件等方面的考察。

①企业营业执照、资质等级证书及安全生产许可证；

②质量、环境、职业健康安全管理体系认证文件；

③专业人员技术水平、资格和能力，生产人员数量；

④生产厂房面积，主要生产设备和设施投入情况；

⑤往年生产规模与销售业绩等。

5.5.2　分包／供方过程管控

项目经理部应根据《采购控制程序》《采购产品检验和试验规程》《相关方环境与安全行为管理制度》《施工机具管理制度》《建筑材料、构配件和设备管理制度》的规定，对合格分包／供方提供的施工材料、工程产品或服务进行检验或验证；对监测不合格的工程产品和服务应分别采取返工、退换产品、限期整改、取消供方／分包方资格。

（1）劳务分包方过程管控。

项目经理部施工负责人在项目施工前，应对劳务分包方的从业人员资质素质、设备机具等进行验证；对劳务班组有关人员进行施工项目的技术、质量、进度、安全、环境保护、文明施工等方面的交底，并根据交底内容定期检查、督促，发现问题及时提出整改要求并跟踪复查，并依据规定的时间和标准对劳务分包施工项目进行验收。

（2）材料供应商过程管控。

项目经理部应严格把控材料的质量和数量，在材料进场时根据材料申请计划、送料凭证、质量保证书或产品合格证，按质量验收规范和计量检测规定对材料进行点验。验收内容包括品种、规格、型号等，验收时要做好记录，办理验收手续，对不符合要求的材料应拒绝验收。

（3）甲指分包／供方过程管控。

甲指分包／供方必须与施工单位签订劳务分包或材料供应合同，项目经理部应采取同等标准实施检查、监督、管控和评价工作，对其施工或供货过程进行控制，做好日常管理考核资料与评价档案。甲指分包／供方如对质量、环境和职业健康安全管理松懈，且整改不到位，项目经理部有权给予处罚，并报建设单位予以清退处理。

5.5.3　分包／供方评价

企业招标采购部负责采购工作的归口管理，负责分包／供方的选择并组织对其分阶段评价工作，建立《合格分包 / 供方名录》，确保采购产品和分包过程符合企业规定要求；工程管理部与项目经理部共同参与合格分包 / 供方日常动态管理考核、完工复评和年度再评价；项目经理部负责对分包 / 供方的日常管理控制，以及日常动态管理考核。

（1）企业招标采购部负责建立保存有关分包 / 供方的调查、考察、评价和考核记录，评价结果及必要措施的有关资料和记录归档保存。

（2）动态考核一般每半年组织一次（具体视项目规模而定），由项目经理部各有关职能岗位分别进行考核，由项目经理进行综合评审。

（3）项目完成后，项目经理部应对分包 / 供方进行一次复评。复评不合格，经企业工程管理部、招标采购部审定后列入《不合格分包 / 供方名录》，三年内不得使用。

（4）每年年底由企业工程管理部协助招标采购部组织有关项目部，对分包 / 供方的供货和服务业绩进行考核和再评价，确定下一年度《合格分包 / 供方名录》。再评价不达标的分包 / 供方应取消其合格资格。

（5）企业的《合格分包 / 供方名录》每年修订一次，根据工程需要和考核情况进行删减和补充，每年更新发布《合格分包 / 供方名录》。

5.5.4　劳务承包方考评

项目结束后，项目经理部对劳务承包人进行后评价，并填报《劳务 / 专业分包项目后评表》（附件 5-4）。招标采购部每年组织对劳务单位进行年度复评，并根据考核结果发布《劳务 / 专业分包定期复评表》（表 5-12）。考评内容包括劳务企业的基本情况、资源配置、工程进度、施工安全、工程质量、现场文明施工、综合管理及法律纠纷等。

5.6　招标采购管理

施工企业应建立招标采购管理体系与管理制度，企业管理层成立以总经理为主任，分管领导为副主任，相关部门负责人为成员的招标管理委员会。企业招标管理委员会是招标采购的最高决策组织，负责日常招标监督、处理与企业招标制度不相符的特殊事项决策、超出成

表 5-12　劳务 / 专业分包定期复评表

日期：

劳务 / 专业分包单位			
考评项目	考评记录		
管理能力	□良好	□合格	□较差
劳动力数量	□有保证	□一般	□不能保证
质量水平	□合格	□不合格	□批次 / 数量
信誉	□良好	□合格	□较差
服务	□良好	□合格	□较差
劳务名称	合同金额	配合项目名称	后评得分
综合得分	配合项目总得分 / 项目数量 =		
考评等级（分值）	□A（90～100）　□B（75～89）　□C（60～74）　□D（0～59）		
适用项目类型	□示范区　　　　　　□办公室 □五星级酒店　　　　□批量精装 □三、四星级酒店　　□高档住宅 □普通酒店　　　　　□其他类型		

本控价等异常招标事项的决策。实施具体施工项目招标采购时，由招标管理委员会与项目经理部相关人员组成评标小组，负责项目的招标工作，批准招标文件、投标单位的入围、评标结果，批准战略采购结果。项目经理是项目招标工作的第一责任人，项目经理部是招标工作的责任主体，负责编制招标计划、招标控制价与招标文件、招标文件澄清与答疑、评标与议标等工作。

5.6.1　招标采购原则

施工企业内部对项目分包 / 供方资源的招标工作不完全等同于政府公开招标的各项要求。可根据企业实际情况，在邀请招标的基础上，结合竞争性价格洽商的方式，选择符合招标各项要求的相对低价的中标人。企业招标采购应符合如下原则：

（1）公平公正原则。

在选择入围分包/供方、采购过程、谈判、决策时必须对所有分包/供方保持公平，树立并维护企业的商业信誉和形象。

（2）公开决策原则。

采购过程必须有充分的透明度，施工企业各部门积极配合、全面沟通、信息共享，所有采购应由招标采购小组集体公开决策，杜绝暗箱操作。

（3）材料送检原则。

重要的材料类产品在投标或批量生产过程中要抽样送检，检验结果不合格则一票否决。

（4）充分竞争原则。

金额达到招标要求时，应邀请不少于 $2N+1$ 家（N 为标的标段数）资质及其他各项条件相近的分包/供方参与投标，以保证采购招标的有效竞争性。

（5）全过程管理原则。

采购管理应覆盖市场调研、分包/供方考察、分包/供方选择、合作过程管理、履约过程评估、后评估等各个方面。

（6）一致性原则。

采购决策标准必须在采购实施之前，制定采购方案时确定，并在整个采购实施及决策过程中保持不变。一旦需要改变时，必须重新启动采购流程。

（7）集中采购原则。

具备集中采购条件的产品、分包工程和服务，应采用集中采购模式，以实现规模效益。

（8）可追溯原则。

采购的相关资料，包括分包/供方管理（考察认证、履约过程评估、后评估等）、招标采购（市场调研报告、采购策划和方案、入围单位审批、招标投标过程、约谈记录、相关会议纪要等）、协议、合同等必须按照要求及时收集、整理、上传和归档。

（9）合法用工原则。

合同协议中应明确，分包／供方须严格遵守国家、地方政府关于工资支付及劳务用工的法律法规，未成年人与女工保护条例、职业健康与安全相关规定。

5.6.2　招标准备

项目经理部应根据项目管理实施规划和项目资源需求计划，编制材料、劳务、专业分包等资源的招标计划，明确发包单元及金额，并在计划定标前 10 ～ 15 日提交招标申请资料至企业招标采购部门。招标申请资料应包含材料招标申请表、图纸、含拦标价明细的清单、样品、组价分析表。申请资料需经工程管理部、商务合约部及招标采购部审核，企业总部招标管理委员会审批后，作为招标文件的组成部分。招标采购部根据已审批的招标清单、技术标准、招标控制价及合同示范文件汇总编制招标文件，发放招标文件。

（1）材料采购招标申请。

根据各发包单元所需材料的种类、用量、技术标准、计划到场时间等要素，申报《物资采购招标申请表》（表 5-13）。

（2）劳务分包招标申请。

根据各发包单元用工时间、队伍类型、队伍数量、劳动力数量、设备配置等要素，申报《劳务专业分包招标申请表》（表 5-14）。

（3）投标人资格审查。

项目经理部应与企业工程管理部、商务合约部、招标采购部沟通后共同拟定投标人资格审查条件，通过资格审查的投标人需由施工部门与招标采购部分别推荐投标人，经由企业招标管理委员会审批。符合资格审查条件的入围投标人数量达不到招标文件要求数量应视为流标，需重新组织。

法定代表人为同一人、投资人有关联关系、母子公司及其控股公司，以及公司间其他关联关系，均不得在同一招标中同时投标。否则，应作废标处理。

表 5-13　物资采购招标申请表

项目名称：　　　　　　　　　　　　　　　　　　　项目经理：

招标范围		☐物资采购		☐包含安装		
	深加工类	☐木制品	☐石材	☐不锈钢	☐玻璃	
		☐地毯	☐石膏线	☐木地板	☐其他	
	标准材料类	☐铝扣板	☐五金	☐墙纸	☐开关面板	
		☐瓷砖	☐灯具	☐洁具	☐其他	
	辅材类	☐木工类	☐泥水类	☐水电类	☐涂料类	☐其他
	措施类	☐成品保护	☐脚手架	☐临电设施	☐模板	☐其他
工期要求	工程总工期	年　　　月　　　日至　　　年　　　月　　　日				
	供货时间要求	年　　　月　　　日至　　　年　　　月　　　日				
	安装时间要求	年　　　月　　　日至　　　年　　　月　　　日				
报价付款	报价方式： ☐按《招标工程量清单》格式报价。 ☐不按《招标工程量清单》格式报价（如不按，请项目部提供报价清单及说明）。 付款方式（必填，包括预付款、进度款及完工结算）：					
项目要求	预计开标时间	年　　　月　　　日				
	质量要求			限价要求		
	施工地点			配合放线		
拟邀请单位	项目部推荐		公司名称	联系人	电话	
		1.				
		2.				
		3.				
	招标采购部推荐		公司名称	联系人	电话	
		1.				
		2.				
		3.				

表 5-14　劳务专业分包招标申请表

项目名称：　　　　　　　　　　　　　　　　　　项目经理：

招标范围	□劳务清包								
	□劳务含材料（主材包括：　　　　　　辅材包括：　　　　　　）								
工期要求	工程总工期		年	月	日至	年	月	日	
	分包工程工期		年	月	日至	年	月	日	
报价付款	报价方式： □按"招标工程量清单"格式报价。 □不按"招标工程量清单"格式报价（项目部提供报价清单及说明）。 付款方式（必填，包括预付款、进度款及完工结算）：								
项目要求	预期开标时间			年	月	日		
	质量要求				限价要求				
	施工地点				配合放线				
拟邀请单位	项目部推荐	公司名称		联系人		电话			
		1.						
		2.						
		3.						
	招标采购部推荐	公司名称		联系人		电话			
		1.						
		2.						
		3.						

5.6.3　招标流程

　　招标采购或比价采购均需在经审批的控制价下实施，突破控制价的特殊情况应报施工企业招标管理委员会集体决策后，方可执行。招标工作应按照分级、分类管理的原则，具体范围和权限划分可根据不同企业的标准确定。施工项目分包／供方的招标过程大致可分为以下阶段：

　　（1）编制招标文件。

　　招标文件是投标单位编制投标文件的依据，也是签订工程合同的基础，需要明确采购标的、采购控价、交付时间、付款条件、投标要求、对投标人资格审查的标准、投标报价要求和评标标准等所有实质性要求和条件以及拟签合同的主要条款。

（2）发放招标文件。

发放招标文件应体现招标的公开、透明、公正。通过向潜在投标人发放招标文件，可以确保所有投标人在相同信息的基础上进行投标，避免出现信息不对称而导致的不公平竞争；吸引更多有实力、有经验的供应商参与，提高投标的质量和竞争性。招标文件应通过邮寄、电子邮件等方式向潜在投标人提供，确保获取途径的便利性和公平性。

（3）回标。

企业招标采购部招标负责人组织接收查验投标单位的投标文件并作登记。回标时，投标文件作废、不予接收的情况如下：

①标书封装袋（箱）未封口；或无单位盖章、无法定代表人及其委托人盖章签字的；

②投标时单位名称与投标回复函单位名称不一致的；

③超过投标截止时间的。

（4）开标。

计划开标日期前1周，招标负责人将开标时间与地点通知企业招标管理委员会参与评标人员，同时协调投标人与企业财务管理部对接办理投标保证金或投标保函的手续（可按拦标价的2%且不低于5000元，各企业根据自身情况确定）。

开标由招标负责人主持，参与评标人员应由项目经理部经理、项目采购员、项目预算员，以及企业工程管理部、商务合约部、招标采购部派人联合组成。

（5）议标。

企业内部招标建议采用"投标人竞争性报价"与"招标人分别与投标人议价"相结合的模式，开标回标可采用"一次唱标，多轮回标"的方式。首次开标可末位淘汰最高报价，再由剩余投标人分别向招标人再次报价，每轮淘汰该轮最高报价（投标人每轮的报价相互之间不公开，每轮淘汰者的报价也不公开）。周而复始直至决出最低报价。

开标与议标过程应由专人做好记录，如投标文件组成、投标报价、有无漏项等，废标情况应如实记录，在评标时判定。开标与议标记录完成后由所有参与招标与投标人员当场会签。

（6）评标。

招标采购部参与评标人员应对投标人的资质文件进行评审，评审结果按注册资金、近三年业绩规模等进行排序；工程管理部参与评标人员负责技术标的评审，评审结果依据技术文件、样板，按各项参数优劣顺序进行排序；商务合约部参与评标人员负责商务标的清标与评审，整理并审查各商务标标书工程量清单格式、内容、特征、数量、报价等对招标要求的响应性，以及是否存在不平衡报价等问题，将议标过程中各投标人最终报价进行排序。

评标时，可视情况要求投标人澄清、勘误、补充说明等，所有补充文件必须为书面形式，视同投标文件的一部分。补充文件不得就投标意思表达的实质性内容作修改，如最终报价、货款支付方式等。

投标文件可判定为废标的情况如下：

①由委托人签署投标文件，无授权书的；

②未按规定格式填写，关键字迹模糊、无法辨认的；

③投标人递交多份文件，或包含多种价格且不声明最终报价的；

④投标有效期不满足招标文件要求的；

⑤标书有约定提交投保证金时，投标单位未提交的；

⑥如允许联合体投标，未附各方共同协议的；

⑦有确凿证据表明投标单位串标行为的；

⑧标书设立投标限价，投标价格超过限价的；

⑨样板或技术标准不符合招标技术要求的；

⑩其他未实质性响应投标文件要求的。

（7）定标。

招标负责人主持评标报告的拟稿、报批工作。评标报告内容应包括评标报告正文、开标记录扫描件、各商务标分析表、相应的答疑、澄清记录等，根据技术标与商务标的综合得分情况，推荐拟定中标人。评标报告经企业审核批准后，由招标采购部按批准内容向中标人发中标通知书，并按规定与中标人进行洽商并签订合同。

5.6.4　招标管理要求

项目经理应组织项目预算员编制招标清单，且对比分析该招标内容对建设单位投标时的"量"与"价"。招标的实际数量由项目预算员计算并提供工程量计算书，经项目现场施工负责人确认。如有标段划分，清单需提前拟定，不允许开标现场临时划分标段。拦标价由项目经理部拟定经企业商务合约部审核签字后方可生效，拦标价应为投标最高限价。

（1）开标时招标、投标所有参与人员手机应统一上交保管，过程中不得接打电话。询标过程中有专人陪同，禁止投标人之间信息互通。

（2）开标的清标工作由商务合约部参与评标人员负责。投标人出现不平衡报价时，低价不允许调整，高价部分按项目所在地市场信息价的80%计取。

（3）投标人在规定的投标有效期内撤回其投标、中途退出投标活动、中标后在规定期限内未能签订合同，招标人有权没收其投标保证金。

（4）投标人在投标过程中如发生串标、围标、贿赂相关人员等活动，将没收投标保证金，半年内不允许参加企业任何招标项目。累计发现两次以上违规行为将记入黑名单。

5.6.5　招标流程图（图5-1）

5.7　附件

附件5-1　项目经理部资金使用台账

附件5-2　分包/供方调查/考察审批表

附件5-3　劳务/专业分包供方调查/考察审批表

附件5-4　劳务/专业分包项目后评表

附件5-5　物资供方（供货含安装）项目后评表

附件5-6　物资供方（仅供货）项目后评表

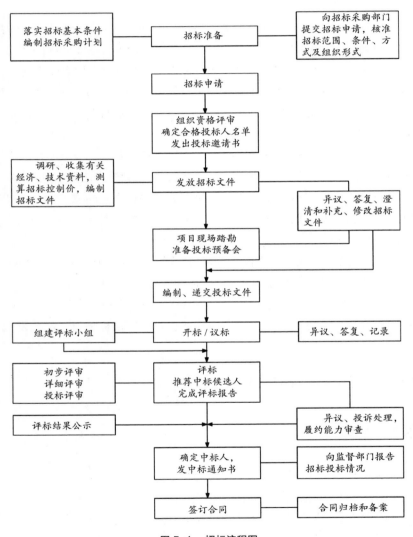

图 5-1　招标流程图

附件 5-1 项目经理部资金使用台账

项目经理部资金使用台账

项目名称＿＿＿＿＿＿＿＿＿＿＿＿

建设单位＿＿＿＿＿＿＿＿＿＿＿＿

建筑面积＿＿＿＿＿＿层数＿＿＿＿＿

实际开工日期＿＿＿＿＿＿＿＿＿＿

实际竣工日期＿＿＿＿＿＿＿＿＿＿

施工部门＿＿＿＿＿项目经理＿＿＿＿

施工主管＿＿＿＿＿施 工 员＿＿＿＿

资金台账填写说明

1. 本台账由项目经理按时按实填写。

2. 资金收入明细：应收款含"合约价款""签证价款""代扣、代缴款"等，合计为本工程的应收款；已收款在摘要一览里要注明开出发票或收据的编号。

3. 资金支出明细—物资供应商：每个供应商要分开填写，应付款含"合同金额""补充协议金额"，在摘要一览里要说明；已付款在摘要一览里要注明汇票或支票的编号及签收人姓名，在备注里注明供应商提供发票的编号，并将发票复印件及本台账于工程竣工后移交决算员。

4. 资金支出明细—公司集采：应付款按时按公司送货单的数据填写，在摘要里标明送货单的编号；已付款填写实际已划拨给招标采购部的款项。

5. 资金支出明细—零星材料：工地所使用的零星材料单独填写报销单，报销及时记入台账。

6. 资金支出明细—作业班组（双包）：应付款应含"合同价款""补充协议价款"；已付款应填写按进度付给作业班组的款项，工程竣工后应将合同复印件连同本台账一起移交决算员。

7. 资金支出明细—作业班组（单包）：同资金支出明细—作业班组（双包）。

8. 资金支出明细—业务、车旅、办公等费：及时将报销的业务、车旅、办公等费记入台账。

9. 资金支出明细—管理、后勤人员工资：每月登记在本项目支出的管理人员、后勤人员工资

工程发包收支概况一览表

项目名称		项目经理	
工程地点			
建设单位		现场负责人	
总包单位		现场负责人	
监理单位		现场负责人	
设计单位		现场负责人	
施工单位		项目负责人	
建筑面积		装饰层数	
合同开工日期		实际开工日期	
合同竣工日期		实际竣工日期	
合同质量等级		实际评定等级	
起初合同金额	元		
质量保证金	元	质量保证金到期日	
竣工资料		竣工内检情况	
交钥匙时间		竣工验收证明书	
资金收入	元	资金支出 （材料供应商）	元
资金支出 （招标采购部）	元	资金支出 （零星材料）	元
资金支出 （班组－双包）	元	资金支出 （班组－单包）	元
资金支出 （业务/车旅等费）	元	资金支出 （管理后勤人员工资）	元
合计	元	合计	元

资金收入明细

序号	日期	摘要	应收款（元）	已收款（元）	备注
		合　计			

资金支出明细—物资供应商

材料供应商					
序号	日期	摘要	应付款（元）	已付款（元）	备注
		合　计			

资金支出明细—公司集采

材料供应商					
序号	日期	摘要	应付款（元）	已付款（元）	备注
		合　计			

资金支出明细—零星材料

序号	日期	摘要	支出款（元）	采购人	备注
		合　计			

资金支出明细—劳务／专业分包

序号	日期	摘要	应收款（元）	已收款（元）	备注
		合　计			

资金支出明细—业务、车旅、办公等费

序号	日期	摘要	报销金额（元）	报销人	备注
		合　计			

资金支出明细—管理、后勤人员工资

序号	日期	摘要	工资金额（元）	发放人	备注
		合　计			

附件 5-2 分包/供方调查/考察审批表

分包/供方编号			
分包/供方名称			
联系方式		法定代表人	
地址			

供方类型：□生产厂家　　　　　　　□经销商

调查情况	资质：□营业执照　　　　　□税务登记证　　　　　□资质证书 　　　　□组织机构代码证　□安全生产许可证　□其他
	许可：□生产许可证　　　□其他
	产品质量： □具有有效产品检验合格证　　□具有省部级检测机构出具的检测报告 □具有有效产品报告书　　　　□样品检验和试验合格 □待进货时检验试验　　　　　□已经使用过，质量良好 □名优产品　　　　　　　　　□其他
	履约能力（包括厂房面积、设备、深化人员、车间人员、厂方优势资源等）：
	管理制度：
	管理体系认证情况：

	产值	年总产值	年总产值	年总产值

招标采购部评定		管理制度建设情况	
		承接项目业绩	
		最大加工量	
		建议工程体量	
		最大垫资额度	
		评定意见	□合格　　　□不合格

附件 5-3 劳务 / 专业分包供方调查 / 考察审批表

分包 / 供方编号				
分包 / 供方姓名		工种类别		
联系方式		身份证号码		
业务承接区域		区域优势资源		

调查情况	承接项目情况（包括在建项目、历史承接项目体量、合作过的施工企业）：
	现场管理水平（包括现场观感、细部质量、安全文明、工器具配备）：
	履约能力（包括自有工人数量、技术工种数量、工人地域接受程度）：

近三年代表业绩	项目名称	工程类型	规模	合同额	工期	备注

招标采购部评定		建议施工区域	
		建议承接工种	
		最大年度可承接额	
		最大垫资额度	
		评定意见	□合格　　□不合格

附件 5-4　劳务／专业分包项目后评表

项目名称：　　　　　　　　　　　　　　　　　　项目经理：

供方名称		承包内容					
评分内容		评分值				项目部	职能部门
		优	良	合格	差		
基本情况	履约情况	10	8	6	0		
	专职劳务管理员配置满足要求	5	4	3	0		
	人员持证上岗情况	5	4	3	0		
资源配置	按照要求配足人员与设备数量	10	8	6	0		
安全管理	安全员配置满足需要	5	4	3	0		
	安全措施周密、检查整改到位	5	4	3	0		
	未出安全事故	5	4	3	0		
质量管理	质检员配置满足需要	5	4	3	0		
	质量自检、互检、交接检到位	10	8	6	0		
	完工项目质量	5	4	3	0		
进度管理	总工期满足工期需要	5	4	3	0		
	节点工期满足需要，过程调整及时	5	4	3	0		
现场文明施工	临电、机械设备、料库料场、材料构件等整齐有序	5	4	3	0		
	电缆架空、用电安全符合规定	5	4	3	0		
综合管理	签订劳务合同，缴纳劳务保险	5	4	3	0		
	实名制考勤，工资发放至工人	5	4	3	0		
	进场人员遵纪守法	5	4	3	0		
法律纠纷（扣分）	是否存在再次转包	5	4	3	0		
	停工要挟项目调价或补偿	5	4	3	0		
	和公司发生法律纠纷	5	4	3	0		
汇总得分		100					
综合得分	（项目部得分＋职能部门得分）/2＝综合得分						
适用项目类型	□五星级酒店　　　□三、四星级酒店　　　□普通酒店　　　□示范区　　　□办公室　　　□批量精装　　　□高档住宅						

附件 5-5　物资供方（供货含安装）项目后评表

项目名称：　　　　　　　　　　　　　　　　　项目经理：

供方名称		承包内容					
评分内容		评分值				项目部	职能部门
		优	良	合格	差		
施工前期	确定项目专人对接配合	5	4	3	0		
	前期策划（进度计划制定、参与放线）	5	4	3	0		
	前期配合（配合报价、小样制作、大样先行）	5	4	3	0		
	深化设计能力	10	8	6	0		
	是否单元化配套下单生产	5	4	3	0		
施工期间	供货质量	10	8	6	0		
	供货进度及配套性	10	4	3	0		
	安装质量	10	8	6	0		
	安装进度及配套性	10	4	3	0		
	与安装班组配合	10	8	6	0		
	项目负责人管理、协调能力	10	8	6	0		
施工后期	材料查漏补缺的及时性	5	4	3	0		
	整体精修质量和服务及时性	5	4	3	0		
其他（扣分）	停工/停供要挟调价补偿	5	4	3	0		
	与公司发生法律纠纷	5	4	3	0		
汇总得分		100					
综合得分		（项目部得分＋职能部门得分）/2＝综合得分					
适用项目类型		□五星级酒店　　□三、四星级酒店　　□普通酒店 □示范区　　□办公室　　□批量精装　　□高档住宅					

附件 5-6 物资供方（仅供货）项目后评表

项目名称： 项目经理：

供方名称						承包内容			
评分内容			评分值				项目部	职能部门
			优	良	合格	差		
施工前期	确定项目专人对接配合		5	4	3	0		
	前期策划（进度计划、样品选样、确认）		10	8	6	0		
	前期配合（报价、小样制作、大样先行）		15	12	9	0		
	深化设计能力		10	8	6	0		
	是否单元化配套下生产		10	8	6	0		
施工期间	供料质量		10	8	6	0		
	供货进度及配套性		10	4	3	0		
	与安装班组配合		10	8	6	0		
	项目负责人协调管理能力		10	8	6	0		
施工后期	材料查漏补缺的及时性		5	4	3	0		
	整体精修质量和服务及时性		5	4	3	0		
其他（扣分）	停供要挟调价补偿		5	4	3	0		
	与公司发生法律纠纷		5	4	3	0		
汇总得分				100				
综合得分	（项目部得分＋职能部门得分）/2＝综合得分							
适用项目类型	□五星级酒店　　　□三、四星级酒店　　　□普通酒店　□示范区　　　□办公室　　　□批量精装　　　□高档住宅							

第6章　施工项目风险管理

6.1　风险管理概述

风险是活动或事件可能发生并造成不同程度损失的不确定性因素，对施工项目管理而言，风险则是可能出现的影响项目目标实现的不确定因素。施工企业应建立风险管理制度，项目经理部在项目管理策划时应制定项目风险管理计划，明确风险管理目标与管理范围，明确各级管理人员风险管理责任，对施工项目各类风险进行分级管控，避免风险或将各种不确定风险因素对项目的影响降至最低。

6.2　风险因素分类

工程项目相比其他产品的生产或经营存在的风险更多，这些风险可能会直接造成工程项目实施的失控现象，如政策改变、工期延长、成本增加等，最终造成项目亏损、合同违约，甚至项目失败。因此，风险管理是工程项目管理的重要组成部分。根据风险产生原因的不同，施工项目风险主要包括组织风险、经济风险、环境风险、政治风险、社会风险、工期风险、成本风险、质量风险和安全风险等。

（1）组织风险。

由于建设单位、设计单位、监理单位与施工单位的组织协调不善，以及相关各方内部的协调问题与其他不确定因素引起的风险。

（2）经济风险。

由于经济方面的原因，如经济政策变化、产业结构调整、市场价格波动、产品供需变化、通货膨胀、汇率变动等因素引起的风险。

（3）环境风险。

如洪水、地震、暴风等不可抗拒自然力，以及泥石流、河塘、垃圾场、流砂等不可预测的地质条件等，由于各类不利的水文气象条件为项目施工带来的风险。

（4）政治风险。

因政治方面的原因，如政局不稳、战争、动乱、罢工、民族矛盾、保护主义倾向等引起财产损失以及人员伤亡的风险。

（5）社会风险。

因所处的社会背景、秩序、宗教信仰、风俗习惯、社会治安、社会风气等形成的影响，对项目经营的各种束缚或不便所致的风险。

（6）工期风险。

工程项目进度达不到施工合同要求或不能按进度计划目标实现的风险，如劳务资源与物资供应、里程碑节点或关键工作等不能按时完成、项目不能及时竣工或交付等。

（7）成本风险。

工程项目成本超出策划初期制定的成本计划目标的风险，如商务洽商失误、成本测算失误、工程成本超支、工程收入减少、市场资源涨价等。

（8）质量风险。

工程项目质量达不到施工合同要求或达不到国家质量验收标准的风险，如原材料不合格、工艺技术水平不达标、工程质量验收不合格等。

（9）安全风险。

施工项目易发的，如高处坠落、物体打击、触电、机械伤害、坍塌等造成人身伤亡、对人员的安全和健康产生威胁的损害，以及对工程或设备造成的损坏、对项目环境造成的影响。

6.3　风险管理

6.3.1　风险管理流程（图 6-1）

风险管理是识别风险，估测和评价风险，制定并实施方案处理风险，从而达到减小或避免风险发生的概率，以及降低风险事件造成损失的管理目标的过程。

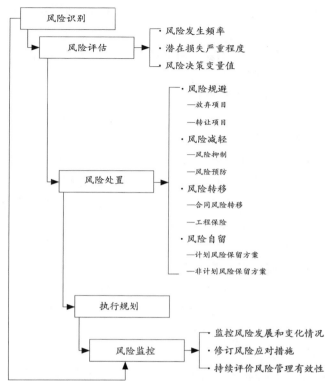

图 6-1　风险管理流程图

6.3.2　风险识别

风险识别是风险管理的基础和前提，要管理风险必须先识别风险。施工项目风险识别应采用系统方法对项目进行全面综合分析，找出潜在的各种风险因素，并对其进行比较、分类，确定各因素间的相关性与独立性，判断其发生的可能性及对项目的影响程度，按其重要性进行排队或赋予权重。施工项目风险识别的方法有头脑风暴法、德尔菲法、情景分析法、核对表法、流程图法、财务报表法等。

（1）头脑风暴法。

头脑风暴法也称集体思考法。团队成员在正常融洽和不受任何限制的气氛中以会议形式进行讨论、座谈，打破常规，积极思考，畅所欲言，充分发表看法,通过会议激发团队成员创造性思维来获取风险识别信息。

（2）德尔菲法。

德尔菲法也称专家调查法。由项目风险小组选定项目相关领域的专家组成专门的风险识别机构,按照规定的程序,背靠背地征询专家对风险识别的意见并加以收集整理后,再匿名反馈给各专家,再次征询意见。反复几轮,逐步使专家意见趋于一致,作为最后风险识别的依据。

（3）情景分析法。

情景分析法通过系统分析项目环境中的机遇和障碍,根据项目多样性发展趋势,设计出多种可能的未来情景,用类似剧本撰写的手法,对系统发展态势作出自始至终的情景和画面的描述,通过情景分析可使项目明确自身的发展方向和存在的风险。

（4）核对表法。

核对表法是基于以前类比项目的项目信息及各种风险因素,把经历过的风险事件及来源编制成风险识别核对的图表。核对表的内容可包括类比项目成败原因;社会、政治、自然环境;项目成本、质量、进度、安全;项目管理水平;项目资源管理等情况。

（5）流程图法。

流程图法是用流程图来系统反映施工项目的组织关系或业务处理程序等内容,统一描述项目工作步骤,显示各环节之间的联系,便于找出项目重点环节的方法。流程图法是一种非常有用的结构化方法,它可以帮助分析和了解项目风险所处的具体环节及各环节之间存在的风险。

（6）财务报表法。

财务报表法是通过分析资产负债表、损益表、财务状况变动表及附录识别和分析项目经营活动可能面临的各项风险。项目各种业务流程、经营的好坏最终体现在资金流上,风险发生的损失以及项目实行风险管理的各种费用都会作为负面结果在财务报表上表现出来。因此,财务报表法是项目使用最普遍有效的风险识别方法。

6.3.3 风险评估

风险评估是在风险识别的基础上,对施工项目各种风险因素进行量化，衡量各阶段风险事件发生的概率与损失的严重程度，评价所有风险对项目目标的潜在影响，得到项目的风险决策变量值，作为项目管理的重要依据。风险评估分为风险估测与风险评价两个环节。

（1）风险估测。

风险估测是指在施工项目风险识别的基础上，通过对所收集的大量的、详细的损失资料加以分析，运用概率统计和数理统计的方法，分析各种风险发生的概率和损失量，包括可能发生的工期损失、费用损失以及对工程的质量、功能和使用效果等方面的影响，确定其风险量和风险等级。风险估测是风险管理过程中的重要一环，它使项目风险管理建立在科学的基础上，对项目风险分析定量化，为风险管理决策选择最佳管理方案提供可靠的科学依据。

（2）风险评价。

风险评价是在施工项目风险识别和风险估测的基础上，根据规定或公认的安全指标，综合考虑项目风险发生的概率和经济损失程度，衡量采取风险处置措施所产生的代价，通过定量和定性分析，确定是否需要采取风险控制措施以及采取控制措施力度的过程。

以综合风险等级作为评价标准。根据风险出现的概率和潜在损失值衡量，建立综合风险等级矩阵（图6-2），将综合风险分为Ⅰ级—可忽略风险；Ⅱ级—可容许风险；Ⅲ级—中度风险；Ⅳ级—重大风险；Ⅴ级—不容许风险。

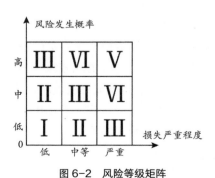

图6-2　风险等级矩阵

6.3.4　风险处置

通过对施工项目风险的识别和评价，项目经理部应当通过科学的方法采取有效的应对措施，力求将风险转化为机会或使风险所造成的负面效应降到最低限度。施工项目风险常用的风险处置对策包括风险规避、风险减轻、风险转移、风险自留，以及这些措施的组合策略。

（1）风险规避

风险规避是指在估计施工项目风险事件发生的概率较大，且一旦发生所导致的损失也很大时，主动放弃项目或改变项目目标与方案，从而避免项目不受风险影响的措施。风险规避是项目风险处理最彻底的方法，可以完全、彻底地消除项目风险可能造成的损失。

①放弃或终止项目。在项目实施前或实施过程中，如果发现存在巨大风险且一旦发生将会造成无法承受的损失，同时又无有效规避风险策略时，应放弃或终止项目，以避免发生更大的损失。

②转让项目。当单纯地放弃或终止项目也会造成巨大损失时，可以考虑采取转让项目的方式来减少损失。通过将项目转让给处理该类风险有优势的企业，达到规避风险的目的。

（2）风险减轻

风险减轻是指在风险事件发生前、发生时及发生后，采取相应的对策将施工项目风险的发生概率或后果降到可以接受的程度的过程。根据风险减轻的目的，风险减轻可分为风险预防和风险抑制。前者以降低风险损失发生概率为目的；后者以减少风险损失程度为目的。

①风险预防。在项目风险发生前，为了消除或减少可能引发损失的各种风险因素而采取的措施。通过消除或减少项目风险因素达到降低项目风险发生概率或减少项目风险发生次数的目的。

②风险抑制。在项目风险发生时或风险发生后采取的各种防止损失继续扩大的措施。风险抑制使风险发生时的损失最小化，同时，使风险发生后的损失得以挽救或恢复。

（3）风险转移

风险转移是指有意识地将风险的结果连同风险对应的权利和责任

转移给其他经济单位承担的行为。风险转移并不能消除风险，而是通过某种途径将经营生产活动中风险可能导致损失的法律责任，以及风险管理的责权利转移给第三方。风险转移的方式有如下几种：

①合同风险转移。通过合同分包、合同条款、计价方式，将因自身专业不足、管理水平有限、市场环境变化等风险因素可能产生的损失与责任转嫁给合同对方承担。

②工程保险。投保人或其他被保险人向保险人缴纳保险费，保险人对合同约定可能发生的事故所造成的财产损失或死亡、伤残、疾病等人身伤害损失承担赔付保险金责任的行为。

③工程担保。指担保人（一般为银行、担保公司、保险公司以及其他金融机构、商业团体或个人）应工程合同一方（申请人）的要求向工程合同另一方（债权人）作出的书面承诺的行为。

（4）风险自留

风险自留是指完全由工程项目主体自行承担风险后果，而不将风险转移到其他经济单位的一种风险应对策略。风险自留可分为主动自留和被动自留，全部自留和部分自留。自留哪些风险、采用何种方式是项目经理部应认真研究的问题，如果自留风险不当可能会造成更大的损失。

①主动自留。在对项目风险进行识别、分析和评价的基础上，并权衡其他应对风险措施后，主动将风险自留作为处置全部或部分项目风险的最优选择，并进行相应的风险预留基金的安排。

②被动自留。在未能准确识别和评估项目风险及其后果的情况下，被动、无意识地被迫采取自身承担损失后果的风险处理方法，一旦风险事件发生便会使项目遭受重大损失。

③全部自留。在准确评估项目风险发生概率、损失程度的基础上，对发生概率大、损失幅度小的风险因素主动采取全部自留的一种风险处理方法。

④部分自留。根据项目风险的不同情况，结合自身对项目风险及其后果的承受能力，有选择地将项目风险因素采取部分自留的一种风险处理方法。

6.3.5 风险监控

在项目实施过程中，各种风险在性质和数量上均不断发生变化。因此，施工企业需时刻监控风险的发展和变化情况，并适时制定相应风险管理措施。施工企业应通过施工进度检查、成本跟踪分析、质量验收检查、合同履约跟踪，以及项目例会、项目晨夕会、项目周报，全面了解并预测可能发生的风险；根据项目环境条件、实施状况的发展变化，预测风险并提出预警，修订风险应对措施，并持续评价项目风险管理的有效性；对可能出现的潜在风险因素进行监控，跟踪风险因素的变动趋势；采取措施控制风险的影响，降低损失，提高效益，防止负面风险的蔓延，确保工程顺利实施。

第7章　施工项目收尾管理

7.1　项目收尾管理概述

项目收尾阶段是施工项目管理的最后环节，其关键在于确保项目顺利结束并交付最终成果。此阶段还包括对项目的总结和评估，涵盖竣工验收、竣工结算、回访保修、尾款收取、管理总结、考核评价等工作。为了高效推进项目收尾工作，项目经理部应当建立项目收尾管理制度，并编制详细的收尾计划，明确各项收尾工作的职责和程序。同时，要对工期、质量和成本进行深入分析，妥善安排竣工计划和收尾任务。此外，还需办理竣工结算、工程档案资料移交以及工程保修手续等事宜，并对施工项目管理全过程进行全面系统的总结。

7.2　竣工图编制

竣工图是根据实际施工情况绘制，真实反映施工项目建成情况的图纸。它作为建筑工程资料和竣工档案的关键组成部分，对于工程的维护、管理、灾后鉴定、灾后重建、改建以及扩建等工作具有重要的依据作用。竣工图根据绘制方式的不同，可分为利用电子版施工图改绘的竣工图、基于施工蓝图改绘的竣工图、通过翻晒硫酸纸底图改绘的竣工图以及重新绘制的竣工图。

7.2.1　竣工图编制依据

竣工图编制依据如下：

（1）原施工图；

（2）设计变更通知书；

（3）工程联系单；

（4）施工变更洽商记录；

（5）施工放样资料；

（6）隐蔽工程记录；

（7）工程质量验收记录等原始资料。

7.2.2 竣工图编制要求

施工项目竣工前，必须及时组织相关人员进行测定和绘制竣工图，以确保工程档案的完整性，满足维修管理、改扩建等需求。竣工图必须做到准确、完整，同时符合长期归档保存的要求。具体的编制要求如下：

（1）施工过程中未发生设计变更，按图施工的施工项目应由施工单位负责在原施工图纸上加盖"竣工图"标志，可作为竣工图使用。

（2）施工过程中有一般性的设计变更，但没有涉及较大结构性或重要管线等方面的变更，且可在原施工图上进行修改和补充时，可不再绘制新图纸，由施工单位在原施工图纸上注明修改和补充后的实际情况，并附以设计变更通知书、设计变更记录与施工说明，加盖"竣工图"标志，亦可作为竣工图使用。

（3）如果施工过程中有重大变更或全部修改，例如工艺、结构、标高、平面等方面的改变，不适合在原施工图上进行修改或补充时，应重新进行实测并绘制改变后的竣工图。施工单位需在新图上加盖"竣工图"标志，并附上变更记录和施工说明，作为竣工图。

（4）竣工图必须做到与竣工的工程实际情况完全吻合，必须保证绘制质量，完全符合技术文件存档要求，坚持竣工图的核、校、审制度，重新绘制的竣工图要经过施工单位技术负责人的审核签字。

7.3 竣工验收管理

竣工验收即施工单位按施工合同规定的施工范围和质量标准完成施工任务后，由建设单位邀请设计单位及相关单位，同施工单位一起进行检查验收，验收合格后，即可将工程正式移交建设单位使用。规模较小且比较简单的项目，可进行一次性项目竣工验收；规模较大且比较复杂的项目，可以分阶段验收。

7.3.1 竣工验收应具备的条件

根据《建设工程质量管理条例》规定，建设工程竣工验收应当具备下列条件：

（1）完成建设工程设计和合同约定的各项内容；

（2）有完整的技术档案和施工管理资料；

（3）有工程使用的主要建筑材料、建筑构配件和设备的进场试验报告；

（4）有勘察、设计、施工、工程监理等单位分别签署的质量合格文件；

（5）有施工单位签署的工程保修书，经验收合格的方可交付使用。

7.3.2 竣工验收准备

施工单位按照合同规定的施工范围和质量标准完成施工任务后，经质量自检合格后，向监理单位（或建设单位）提交工程竣工申请报告，要求组织工程竣工验收。施工单位的竣工验收准备，包括工程实体的验收准备和相关工程档案资料的验收准备，使之达到竣工验收的要求，其中设备及管道安装工程等应经过试压、试车和系统联动试运行检查。

7.3.3 竣工预验收

竣工预验收又称为工程竣工初验。根据建设行政主管部门的规定，在接到施工单位的工程竣工申请报告后，监理单位应组织各相关施工单位对验收的准备情况和条件进行预验收。对于工程实体质量以及档案资料中存在的缺陷，及时提出整改意见，并与施工单位协商确定整改清单，明确整改要求和完成时间。

7.3.4 竣工验收

初步验收结果符合竣工验收要求时，监理工程师应将施工单位的竣工申请报告呈送建设单位。建设单位着手组织勘察、设计、施工、监理等单位以及其他相关专家，组成竣工验收小组，并制定验收方案。

此外，建设单位需在工程竣工验收前 7 个工作日，将验收的时间、地点以及验收组名单通知工程质量监督机构。随后，建设单位将组织竣工验收会议。正式验收过程主要有：

（1）建设、勘察、设计、施工、监理等单位分别汇报工程合同履约情况及工程施工各环节施工满足设计要求，质量符合法律、法规和强制性标准的情况。

（2）检查审核设计、勘察、施工、监理等单位的工程档案及质量验收资料。

（3）实地检查工程外观质量，对工程的使用功能进行抽查。

（4）对工程施工质量管理各环节工作、工程实体质量及质量保修资料情况进行全面评价，形成经验收组人员共同确认签署的工程竣工验收意见。

（5）竣工验收合格，建设单位应及时提出工程竣工验收报告。验收报告还应附有工程施工许可证、设计文件审查意见、质量检测功能性试验资料、工程质量保修书等法律、法规所规定的其他文件。

（6）工程质量监督机构应对工程竣工验收工作进行监督。

7.4　规划、消防、节能、环境保护等验收

《建设工程质量管理条例》规定，建设单位应当自建设工程竣工验收合格之日起 15 日内，将建设工程竣工验收报告和规划、公安消防、生态环境等部门出具的认可文件或准许使用文件报建设行政主管部门或者其他有关部门备案。

（1）工程竣工规划验收。

建设单位需在建设工程竣工验收后 6 个月内，向城乡规划行政主管部门提交竣工规划验收申请，并报送相关的竣工验收资料。城乡规划行政主管部门将依据选址意见书、建设用地规划许可证、建设工程规划许可证、乡村建设规划许可证及相关规划要求，对建设工程进行规划验收。验收内容包括全面核查建设用地范围内的各项工程建设情况、建筑物的使用性质、位置、间距、层数、标高、平面、立面、外

墙装饰材料和色彩、各类配套服务设施、临时施工用房、施工场地等，并做好验收记录。验收合格后，将出具规划认可文件或核发建设工程竣工规划验收合格证。

（2）工程竣工消防验收。

国务院、住房城乡建设主管部门规定应申请消防验收的建设工程竣工验收后，建设单位应向住房城乡建设主管部门申请消防验收。除此之外的其他建设工程，建设单位在验收后需向住房城乡建设主管部门报备，主管部门将进行抽查。对于依法需要消防验收的建设工程，未经消防验收或验收不合格的，禁止投入使用；其他建设工程经依法抽查不合格的，应停止使用。

（3）工程竣工环境保护验收。

对于编制环境影响报告书、环境影响报告表的建设项目竣工后，建设单位需要按照国务院生态环境行政主管部门规定的标准和程序，对配套建设的环境保护设施进行验收，并编制验收报告。在环境保护设施验收过程中，建设单位应当如实检查、监测和记录建设项目环境保护设施的建设和调试情况，不得造假。除国家规定需要保密的情况外，建设单位应当依法向社会公开验收报告。对于分期建设、分期投入生产或使用的建设项目，其相应的环境保护设施应当分期进行验收。

（4）工程节能验收。

单位工程的竣工验收应在建筑节能分部工程验收合格后进行。建设单位组织竣工验收时，应当对民用建筑是否符合民用建筑节能强制性标准进行检查；对于不符合民用建筑节能强制性标准的，不得出具竣工验收合格报告。建筑节能工程是单位建筑工程的一个分部工程，按照规定可以划分为分项工程和检验批。建筑节能工程应当按照分项工程进行验收，如墙体节能工程、幕墙节能工程、门窗节能工程、屋面节能工程、地面节能工程、供暖节能工程、通风与空气节能工程、配电与照明节能工程等。

7.5 竣工结算管理

工程竣工结算是承包人在所承包的工程按照合同规定的内容全部完工，竣工验收合格并办理竣工验收手续后，由承包人编制，发包人审核，双方按照施工合同的约定就该项目所完成的工程内容以及索赔事项进行的工程价款的计算、调整和确认。工程竣工结算分为单位工程竣工结算、单项工程竣工结算和建设项目竣工总结算。

7.5.1 竣工结算编制依据

竣工结算编制依据如下：
（1）合同文件；
（2）竣工图和工程变更文件；
（3）有关技术资料和材料代用核准资料；
（4）工程计价文件和工程量清单；
（5）双方确认的有关签证和工程索赔资料。

7.5.2 竣工结算管理要求

承包人应当在合同规定的时间内编制完成竣工结算书，并在提交竣工验收报告的同时交给发包人。如果承包人未在合同约定的时间内提交竣工结算书，经发包人催促后仍然没有提供或给出明确答复，发包人可以根据已有资料进行结算。对于承包人没有正当理由在约定时间内未递交竣工结算书，导致工程结算价款延迟支付的，责任由承包人承担。发包人在收到承包人递交的竣工结算书后，应按照合同约定的时间进行核对。竣工结算的核对是工程造价计价中需要发包人和承包人共同完成的重要工作。

7.6 竣工结算款申请

竣工结算款申请是在工程项目竣工后，由承包人或施工单位向发包人或业主提出的关于结算工程价款的申请。该结算付款是在确定最终合同价款总额后，扣除已累计支付的工程款和预留的质量保证金后所剩余的款项。

7.6.1　竣工结算款支付申请

竣工结算款支付申请包括如下内容：

（1）竣工结算合同价款总额；

（2）累计已实际支付的合同价款；

（3）应扣留的质量保证金；

（4）实际应支付的竣工结算款金额。

7.6.2　竣工结算款支付要求

承包人应在规定时间内，根据办理的竣工结算文件，向发包人提交竣工结算款支付申请。发包人应在收到承包人提交竣工结算款支付申请后规定时间内予以核实，向承包人签发竣工结算支付证书，并在规定时间内按支付证书列明金额支付结算款。发包人未按照规定程序支付竣工结算款的，承包人可催告发包人支付，并有权获得延迟支付的利息。发包人在竣工结算支付证书签发后或者在收到承包人提交的竣工结算款支付申请规定时间内仍未支付的，除法律另有规定外，承包人可与发包人协商将该工程折价，也可直接向人民法院申请将该工程依法拍卖。承包人就该工程折价或拍卖的价款优先受偿。

7.7　工程回访

工程回访即工程项目交付使用后，在一定期限内施工单位主动对建设单位进行回访，对工程发生的确实是由于施工单位施工责任造成的建筑物使用功能不良或无法使用的问题，由施工单位负责修理，直至达到正常使用标准。

7.7.1　工程回访要求

在项目经理的领导下，由生产、技术、质量及有关方面人员组成回访小组并制定项目回访工作计划。每次回访结束应填写回访记录，并对质量保修进行验证。回访应关注发包人及其他相关方对竣工项目质量的反馈意见，并根据情况及时实施改进措施。

7.7.2　工程回访方式

企业通过工程回访，有助于与客户加强联系，提高客户的忠诚度和口碑。此外，工程回访还有利于企业及时发现并解决问题，提升产品和服务质量，增加市场竞争力。回访的方式多种多样，例如电话回访、邮件回访、上门回访等。回访内容涵盖产品或服务的使用情况、客户满意度、意见和建议的收集，以及提供相关的保养和维护建议等。回访的方式一般有：

（1）季节性回访。

在特定的季节或气候条件下，对客户进行的回访活动。这种回访通常是为了了解产品或服务在不同季节或气候下的使用情况，以及客户可能遇到的问题或需求。例如，对于一些与季节或气候相关的产品或服务，如空调、暖气等，季节性回访可以了解产品在不同季节的性能和使用效果，收集客户的反馈和建议，为产品改进和优化提供依据。

（2）技术性回访。

在工程竣工验收交付使用后，由企业组织相关技术人员对工程进行的回访活动。主要了解在工程施工过程中所采用的新材料、新技术、新工艺、新设备等的技术性能和使用后的效果。

（3）保修期届满前回访。

在产品或服务的保修期即将结束前，对客户进行运维保护回访至关重要。此次回访应特别强调工程的运维保护注意事项，并集中处理和完善运维保护遗留问题。同时，在保修期结束时，应向建设单位介绍一系列可能的后续服务选项，如延保、维修合同或技术支持，以建立长期稳定的合作关系。

7.8 工程质量保修

工程质量保修是指工程竣工验收后在保修期内出现质量缺陷（或质量问题），由施工单位依照法律规定或合同约定予以修复。其中，质量缺陷是指工程质量不符合工程建设强制性标准以及合同的约定。

7.8.1 工程质量保修书

施工单位在向建设单位提交工程竣工验收报告时，应同时向建设单位出具质量保修书。质量保修书中应当明确工程的保修范围、保修期限和保修责任。

（1）保修范围。

对于建筑工程部分，凡是施工单位的责任或者由于施工质量不良而造成的问题，都应该实行保修。凡是由于用户使用不当而造成建筑功能不良或损坏的，不属于保修范围。

（2）保修期限。

《建设工程质量管理条例》规定，在正常使用条件下，建设工程最低保修期限为：①基础设施工程、房屋建筑的地基基础工程和主体结构工程，为设计文件规定的该工程的合理使用年限；②屋面防水工程、有防水要求的卫生间、房间和外墙面的防渗漏，为 5 年；③供热与供冷系统，为 2 个供暖期、供冷期；④电气管线、给水排水管道、设备安装和装修工程，为 2 年；⑤其他项目的保修期限由发包方和承包方约定。最低保修期限属于法律强制性规定，发承包方双方约定的保修期限不得低于上述条例规定的期限，但可以延长。

（3）保修责任。

工程在保修范围和保修期限内发生质量问题的，施工单位应当履行保修义务，并对造成的损失承担赔偿责任。因使用不当或第三方及不可抗力造成的质量缺陷的三种情况不属于保修责任范围。

7.8.2 工程质量保修程序

根据国家相关规定，就工程质量保修事宜，建设单位和施工单位应遵守如下基本程序：

（1）质量缺陷通知。

在保修期内，若工程在试运行阶段出现质量缺陷，建设单位应及时向施工单位发出工程质量返修通知，详细说明发现的问题和具体工程部位。

（2）修复义务与时间要求。

不论质量缺陷的责任归属，施工单位均有义务修复工程缺陷。收到返修通知后，施工单位应在两周内派人到达现场，与建设单位共同确定返修内容，并尽快进行修理。对于涉及结构安全或严重影响使用功能的紧急抢修事故，施工单位应在接到保修通知后立即到达抢修现场。

（3）逾期未到的处理办法。

若施工单位在收到返修通知后两周内未能派人到现场修理，建设单位应再次发出通知。若在接到第二次通知后一周内仍未到达，建设单位有权自行修理或委托其他单位修理，费用由质量缺陷责任方承担。若责任在施工单位，且其未派人到场，对于产生的费用不得有异议。该费用将从质量保证金中扣除，不足部分由施工单位补足。

（4）现场勘察与修复方案。

施工单位派人到现场后，应与建设单位共同查找质量缺陷原因，确定修复方案。若修复工作需部分或全部停产，双方应约定返修期限。

（5）配合与便利条件。

施工单位修复缺陷工程时，建设单位应给予配合，提供必要的方便条件，包括可能需要的部分或全部停止试运行。

（6）材料与构配件供应。

缺陷工程修复所需的材料、构配件，由承担修复任务的单位提供，可能是原施工单位，也可能是建设单位委托的其他施工单位。

（7）返修项目质量验收。

返修项目质量验收以国家标准和原设计要求为准。

（8）返修合格证明。

返修工程质量验收合格后，建设单位应出具返修合格证明书，或在工程质量返修通知书的相应栏目填写其对返修结果的意见。

（9）保修费用承担。

保修费用由造成质量缺陷的责任方承担。若质量缺陷由施工单位未按工程建设强制性标准和合同要求施工所致，施工单位不仅要负责保修，还需承担保修费用。但若质量缺陷由设计单位、勘察单位、建设单位或监理单位等原因造成，施工单位负责保修后，有权向建设单位索赔保修费用。建设单位承担赔偿责任后，有权向责任方追偿。

7.9 质量保证金管理

建设工程质量保证金是指发包人与承包人在建设工程承包合同中约定，从应付的工程款中预留，用以保证承包人在缺陷责任期内对建设工程出现的缺陷进行维修的资金。

7.9.1 缺陷责任期

与质量保修期不同，缺陷责任期是指承包人按合同约定承担缺陷修复责任，并由发包人预留质量保证金（已缴纳履约保证金的情况除外）的期限。缺陷责任期由发包人和承包人在合同中协商确定，自工程竣工验收合格之日起开始计算，通常为 1 年，最长不超过 2 年。如果是承包人的原因导致工程无法在规定期限内完成竣工验收，缺陷责任期应从实际通过竣工验收之日起算。而如果是发包人的原因导致工程无法按规定期限进行竣工验收，应在承包人提交竣工验收报告的 90 天后，工程将自动进入缺陷责任期。

7.9.2 质量保证金使用

发包人应按照合同约定方式预留质量保证金，质量保证金总预留比例不得高于工程价款结算总额的 3%。合同约定由承包人以银行保函替代预留质量保证金的，保函金额不得高于工程价款结算总额的 3%。

缺陷责任期内，由承包人原因造成的缺陷，承包人应负责维修，并承担鉴定及维修费用。如承包人不维修也不承担费用，发包人可按合同约定从质量保证金或银行保函中扣除，费用超出质量保证金金额的，发包人可按合同约定向承包人进行索赔。承包人维修并承担相应费用后，不免除其对工程的损失赔偿责任。由他人及不可抗力原因造成的缺陷，发包人负责组织维修，承包人不承担费用，且发包人不得从质量保证金中扣除费用。

7.9.3　质量保证金返还

缺陷责任期内，承包人认真履行合同约定的责任，到期后，承包人可向发包人申请返还质量保证金。发包人在接到承包人返还质量保证金申请后，应于 14d 内会同承包人按照合同约定的内容进行核实。如无异议，发包人应当按照约定将质量保证金返还给承包人。对返还期限没有约定或者约定不明确的，发包人应当在核实后 14d 内将质量保证金返还承包人，逾期未返还的，依法承担违约责任。如果最终结清时，承包人被扣留的质量保证金不足以抵减发包人工程缺陷修复费用，承包人应承担不足部分的补偿责任。

7.10　项目管理总结

项目管理总结是对项目管理主体行为与项目实施效果的检验和评估，是客观反映项目管理目标实现情况的总结。通过项目管理总结，可以总结经验，找出差距，制定措施，进一步提高建设工程项目管理水平。项目结束后，项目经理部应制定《项目经理部管理总结计划表》（附件 7-1），着手组织完成项目管理总结工作，完成《项目管理总结报告》（附件 7-2）并纳入项目管理档案统一管理。

7.10.1　项目管理总结依据

项目管理总结的依据如下：

（1）《项目管理计划书》；

（2）《项目经理部经济承包责任书》；

（3）项目合同文件及变更、签证资料；

（4）项目索赔及反索赔资料；

（5）施工图纸及竣工图；

（6）《项目实施计划》；

（7）项目考核资料；

（8）项目结算资料；

（9）法律、法规、标准、规定、政策；

（10）项目成本管理资料；

（11）项目进度、质量、安全、环境保护管理资料；

（12）项目竣工资料；

（13）其他。

7.10.2 项目管理总结内容

项目经理部应当组织对《项目管理策划书》进行总结，对比各项项目管理目标与规划的执行情况，并对项目管理过程中的经验教训、管理绩效以及创新方面进行评价。项目管理总结应包括但不限于以下内容：

（1）项目概况及绩效评价；

（2）项目成本管理总结；

（3）项目进度管理总结；

（4）项目质量、安全、环境保护总结；

（5）项目分包劳务管理总结；

（6）项目材料及供方管理总结；

（7）项目技术管理总结等。

7.10.3 项目管理绩效考核

项目管理绩效考核是对项目管理成果和效益的评估及衡量，旨在确定项目管理的效果和效率。施工企业应当在适当的组织范围内发布《项目管理总结报告》，并在规定时间内完成项目管理绩效考核。根据《项目目标责任书》中各项考核指标的完成情况，对项目经理部及项目各责任人进行考核，并实施相应的奖励和惩罚措施。通过这种方式，企业可以激励项目团队努力实现项目目标，提高项目管理水平，积累解决项目管理问题的经验。

7.11 工程资料移交

项目经理部的归档资料包括施工资料、经济资料和管理资料。施工资料的整理应遵循国家及地方建设行政主管部门有关工程档案管理的规定。其他资料按照企业内部文档管理要求，移交企业档案室。

在工程移交时，项目经理部应将项目实施过程中的《项目管理策划书》，以及成本管理、技术管理、分包管理、材料管理、进度管理、安全质量、环境保护管理等资料进行归档。之后，根据《撤销项目应上报资料清单》（表7-1）的内容，填写《项目管理资料归档移交表》（表7-2）。

表7-1 撤销项目应上报资料清单

项目名称： 日期：

序号	名称	份数	备注
1	竣工文件及竣工图纸		
2	竣工验收交接资料		
3	工程质量评定资料		
4	工程日志		
5	工程技术总结		
6	工程获奖情况及证书		
7	工程承包合同		
8	劳务分包合同		
9	劳务分包合同台账		

续表

序号	名称	份数	备注
10	劳务队伍验工结算单		
11	物资采购合同原件及台账		
12	优质工程申报资料		
13	工程立项和批复文件		
14	项目经理全员花名册		
15	员工各项未清账目清单		
16	应归入员工档案的资料及应移交的书籍、文件		
17	2000元以上办公生活类固定资产台账		
18	会议纪要		
19	工程造价预算资料及决算审计资料		
20	工程招标投标的有关资料		
21	设计变更及经济签证有关资料		
22	收入、利润、成本、计量及上交款说明		
23	法律诉讼情况说明		
24	工程税金清缴说明		
25	对账签认单		
26	资产账实核对清单		

表7-2　项目管理资料归档移交表

项目名称：　　　　　　　　　　　　　　　　　　　　日期：

序号	项目管理资料归档类目	备注
1	项目履约条件调查资料	
2	项目合同评审资料	
3	项目人员工资收入资料	
4	《项目实施计划》	

续表

序号	项目管理资料归档类目	备注
5	项目考核、评审资料	
6	项目现金流测算资料	
7	项目信息识别与管理资料	
8	项目物资及设备计划、采购、合同、验收、调拨等资料	
9	项目分包管理资料	
10	项目综合事务方面资料	
11	项目盈亏测算成本管理资料	
12	项目生产计划及进度管理资料	
13	项目成品保护、质量创优、QC小组活动资料	
14	项目收尾管理资料	
15	项目回访保修资料	

7.12　项目经理部撤销

项目施工完毕且工程交付工作完成后，项目大部分人员应按规定调回公司，接受重新派遣。留守人员将继续推进项目的关账、竣工结算、项目运维保修、竣工尾款及质量保证金清收等工作。在申报并获批准后，正式撤销项目经理部。

7.13　项目管理绩效评价

施工项目管理绩效评价可归纳为项目过程评价和项目完成评价两类，即项目实施过程中的某一阶段或竣工完工后，对项目进行全面系统的回顾和总结，并将项目实施过程以及最终成果与项目决策时的《项目管理策划书》中确定的目标，以及技术、安全、质量、经济、工期等指标进行全面对比。通过发现差异、衡量得失、分析原因、总结经验、提出措施等步骤，认真评价和总结，并形成《项目总结评价报告》，以不断完善和改进项目管理，为项目具体实施、过程管控、经营结算等工作提供借鉴，达到不断提高项目精细化管理水平的目的。

7.13.1　项目管理绩效评价依据

项目管理绩效评价依据如下：

（1）《项目管理策划书》；

（2）《项目目标责任书》；

（3）竣工图、实施性施工组织设计、专项施工方案、设计变更文件等技术资料；

（4）建设单位批复验工、项目内部分包验工、分包结算、变更洽商、盈亏分析、工程结算等经济资料；

（5）项目各类承发包合同及其评审、交底、过程履约分析等合同管理资料；

（6）其他涉及项目管理的资料。

7.13.2　项目管理绩效评价内容

项目管理绩效评价范围包括从工程准备阶段、实施阶段至收尾阶段的整个过程，主要是与《项目管理策划书》及工作依据进行对比，包含但不限于以下内容：

（1）《项目管理策划书》实施情况及原因分析；

（2）单元清单和责任矩阵使用的效果及改进措施；

（3）管理报告和例外管理的执行情况及改进建议；

（4）施工组织设计（专项施工方案）的先进性、合理性、经济性；

（5）质量、安全、进度管理方面的执行情况及提高措施；

（6）责任成本目标实现情况，成本措施提升空间；

（7）变更索赔等"项目经营策划"实施情况及效果；

（8）对分包队伍的管理情况及改进措施；

（9）项目过程成本管理情况及改进措施；

（10）项目合同执行情况及改进措施；

（11）工程结算情况、盈亏分析情况及改进措施；

（12）其他需要评价的内容。

7.14　附件

附件 7-1　项目经理部管理总结计划表

附件 7-2　项目管理总结报告

附件 7-1　项目经理部管理总结计划表

项目名称：　　　　　　　　　　　　　　　　　　　　　　日期：

序号	项目总结名称	编制要点	责任部门 / 人	完成期限
1	项目合同管理（索赔与反索赔总结）			
2	质量保函或质量保证金管理的总结			
3	项目技术管理总结（技术方案数据库）			
4	项目成本管理总结（成本管理数据库）			
5	项目质量管理总结			
6	项目生产及工期管理总结			
7	项目安全环境保护管理总结（安全方案数据库）			
8	项目物资、设备管理总结（供应商管理数据库）及供应商满意度调查			
9	项目综合事务管理总结			
10	项目分包管理总结（分包及劳动力管理数据库）及分包商满意度调查			
11	项目员工激励及培训总结、员工满意度调查			
12	工程照片整理			
13	甲方满意度调查			

附件 7-2 项目管理总结报告

项目名称：　　　　　　　　　　　　　　　　　　　　　日期：

合同名称					合同编号	
一、项目基本情况						
项目地址						
建设单位						
单位地址						
法人代表		联系人			联系方式	
施工单位						
单位地址						
法人代表		联系人			联系方式	
项目团队成员		职位	工作年限	学历	执业资格	联系方式
		项目经理				
		…				
		项目团队总人数（含聘用）			人头管理费用	
合同工期				实际工期		
开工日期				竣工日期		
工程概况						
起初合同额				变更索赔额		最终结算额
项目效益				项目毛利率		项目成本降低率
已收款	工程款回收率	拖欠款	项目质量保证金	收回全部款项时间	项目兑现额	参加兑现人数
项目获奖情况		获奖项目		时间		颁奖部门

244

续表

二、项目成本管理情况

项目	合同价	项目责任成本	变更及索赔	项目实际成本	节超分析	项目利润来源分析
人工费						
专业分包费						
材料费						
机械费						
其他						
直接费						
间接费						
规费						
利润						
合计						
说明						

三、项目进度管理情况

合同工期		计划工期		变更签证增加工日		延误工期		实际工期	
序号	进度管理的主要措施			在工期或成本方面的成效		主要经验			
1									
2									
3									
…									
说明									

四、项目质量、安全、环境保护管理情况

项目	投入费用	取得成效	事故次数	损失
质量管理				

续表

安全管理				
环境保护管理				
合计				
序号	主要措施	投入的费用	创造的效益或效果	主要经验
1				
2				
3				
…				

对公司各部门"项目动态管理"改进建议：

五、项目分包及劳务管理情况

分包企业数			分包总额			分包劳务总人数		
序号	分包企业名称	分包性质	合同单价或总额	工期	平均人数	结算额	索赔/反索赔	评价
1								
2								
3								
…								
说明								

六、项目技术管理情况

序号	采用新技术、新工艺、新材料或技术创新名称	主要技术特点	主要经济效益
1			
2			
3			
…			

246

第8章　施工项目综合管理

8.1　项目印章管理

　　印章是项目的合法象征，加盖印章的文件具有一定的法律效力。通过规范的印章管理，可以确保印章的使用合法合规，避免因印章使用不当而引发的法律纠纷和责任问题。项目印章的使用可以证明文件的真实性和可信度。有效的印章管理能够防止伪造、篡改或未经授权使用印章，从而保证项目相关文件和信息的真实性及可靠性。印章管理是项目内部管理和控制的重要环节。通过严格的使用审批和记录，可以对印章的使用进行监控和追溯，防止违规行为和不当操作，保证项目的正常运营。

8.1.1　项目印章制作

　　施工项目立项后，企业工程管理部资料主管应提交《印章制作审批单》。经过企业相关领导审批通过后，由人力行政部的资质主管负责制作印章。任何其他部门或个人都不得私自制作项目印章。

　　印章制作完成后，工程管理部资料主管在《印鉴移交清单》上签字，领取印章，并将其交至相应的项目经理部，由专人负责保管和使用。

8.1.2　项目印章保管

　　项目经理是项目印章管理的第一责任人，原则上项目印章由项目经理本人保管，资料印章由施工主管保管。严禁项目印章和资料印章由同一人保管。

　　项目印章不得随意放置，也不得私自委托他人保管。若短时间内确实需要委托他人代管，应及时填写《印章移交登记表》（表8-1）。当印章专管员变更或离职时，项目经理部应及时调整印章专管员，并做好印章移交登记，同时上报上级印章管理部门备案。

表 8-1　印章移交登记表

移交时间	印章名称	印模	移交人	接收人	监交人

如果发生印章遗失的情况，必须及时提交书面报告说明情况。企业在收到印章遗失报告后，应及时做好登报声明、公章作废以及重新办理刻章备案等相关工作。

8.1.3　项目印章使用

项目印章仅限于与施工项目相关的业务，不得用于损害企业或项目利益的活动。印章专管员要严格遵守上级单位的印章管理制度，不得为不符合手续、不合法或不正当的用印提供便利。

项目印章的使用需要严格把控审批程序，根据用印内容实行对口职能负责人审批，最后由项目负责人进行最终审批。所有印章的使用必须严格执行上级的印章使用规定，做好申请审核和使用登记。如有违规使用导致问题发生，后果由使用人自行承担，给项目造成损失的，将依法追究其责任。

（1）先批后用。

印章使用必须严格遵循印章使用审批程序，按照印章的使用范围，提交《项目印章使用申请表》（表 8-2），经审批后方可用印。

（2）严禁外借。

用印人经审批后，原则上一律在印章专管员监督下完成用印，同时做好用印登记。非特殊紧急情况，严禁外借用印。

（3）规范用印。

文件用印盖章的位置要恰当，切勿在文件空白处加盖印章，印章要端正、清晰；印章名称要与用印文件的落款一致。不漏盖，不多盖，不盖空印。

表 8-2 项目印章使用申请表

项目名称：   日期：

用印内容		用印份数	
印章名称			
申请人签字			
主管审核签字			
项目负责人审批			

8.1.4 项目印章回收

项目竣工（或完结）后，人力行政部应及时回收印章（包括项目印章、资料印章等）并进行归档封存，同时填写好《印章移交登记表》。若在后续的维修、保养、结算等工作中确实需要使用项目印章，应提交书面申请，明确说明使用用途、使用时间和使用人，并经过企业相关领导审批后方可使用印章。当项目结算完成、责任保修期结束且项目所有收尾工作完成后，由印章专管员提交《印章销毁申请》，经审批通过后，对印章进行合法销毁。

8.2 项目公文管理

项目公文管理是指公文的办理、发文、收文、整理（立卷）、归档等一系列相互关联、衔接有序的管理工作。

（1）发文类别。

项目经理部发文一般分为四类：文件式公文，用于处理重大事务；信函式公文，用于处理日常事务的平行文或下行文；会议纪要，用于记载、传达会议情况和议定事项；《项目简报》（附件8-1），用于项目信息的宣传报道。

（2）发文流程。

首先由拟发文部室拟稿，部门负责人审核（或相关部门负责人协商），经项目负责人签发或会签后，资料员编号、登记并复核，拟稿人修改、校对、打印，再进行用印、登记、分发、封存。至保管期限到期，公文管理人员整理、移交档案管理部门。

（3）收文流程。

收文流程是指对收到公文的办理过程，首先由项目技术负责人对收到的文件进行审核，填写收文登记（表8-3）与文件阅办单，提出拟办意见，将文件送项目经理部批示。根据批示分送项目相关人员阅办，办理完毕后将公文返回资料员整理存档，确定保管日期（不具备归档价值的公文经项目经理批准后销毁），至保管期限到期，移交企业档案部门。

表8-3　收（发）文登记表

文件、资料名	份数	收（发）文部门	收（发）文人员	收（发）文日期

8.3　项目会议管理

项目经理部应根据工作实际，建立生产调度会、工作协调会、技术交底会等日常管理例会制度并严格执行。

（1）会议组织人负责确定参会人员信息并起草发布会议通知，负责会议资料的牵头组织和发放工作，负责会场布置及相关准备工作。

（2）会前，会议组织人要严格做好签到工作，并妥善保存签到记录。

（3）会中，会议组织人要安排专人做好会议录音和现场记录，并做好会场服务和保障工作，确保会议的顺利进行。

（4）会后，会议组织人负责收集与会议有关的各种文件以及各种录音、摄影、录像等全套资料，并登记存档。根据会场记录及时整理完成会议纪要并发送至相关各方。

（5）根据会议要求确定会议督办事项，经项目经理审核后负责督办，下发《会议督办通知单》（附件 8-2），并按照时间节点要求督办事项落实情况。

8.4 办公用品管理

项目经理部应规范办公用品的申购流程、入库管理、保管责任、发放制度、使用指导等流程，使项目办公用品的管理更加规范化，明确责任，培养节俭节约的意识，避免浪费，提高资源利用效率。

（1）办公用品根据价值分为低值易耗品类办公物品（价值在 1000～2000 元）、日常类办公用品（价值在 1000 元以下）两类。项目经理部根据本部门物品的消耗和使用情况，在当月编制下月的《办公用品购置申请表》（表 8-4）。人力行政部根据项目部的申请计划以及库存情况，及时、足量且优质地采购办公用品和日常用品。对于计划外的特殊需求办公用品，由所需部门提出计划，并经部门负责人审核后报项目经理批准，人力行政部将进行补充采购。对于异地项目，授权项目部自行采购。

表 8-4 办公用品购置申请表

品名	规格	计划数量	实批数量	用途

（2）办公用品采购时要根据审批签字后的《办公用品申购计划表》（表 8-5）实施购买，并于每月月末完成。要做好物品出入库登记，填写《办公用品库存登记表》（表 8-6）。每月做好办公用品盘存工作，确保账物相符。

表8-5 办公用品申购计划表

工程名称：   日期：

品名	规格	单价（元）	计划数量	实批数量

表8-6 办公用品库存登记表

工程名称：   日期：

品名	上月总量	本月汇总					本月入库	当前库存
		新入	领用	库存	单价（元）	总额		

（3）日常类办公用品以部门为单位进行领用，领用时填写《办公用品领用登记表》（表8-7）。临时急需的办公用品，在申请程序完成后予以领取。各部门在领用低值易耗品时，需填写《低值易耗品保管卡》（表8-8）。对于价值较大的办公用品（如移动硬盘），保管人发生变化时，要办理交接手续。

表8-7 办公用品领用登记表

工程名称：   日期：

物品名称	规格	单位	数量	部门	签字	时间

注：此表由办公用品管理员负责登记、建档。

表8-8 低值易耗品保管卡

工程名称：　　　　　　　　　　　　　　　　　　　　　日期：

品名型号		购买日期	
单位		数量	
单价（元）		部门	
使用年限		保管人	

移交记录	移交人	接收人	时间

注：本卡片一式三联：（1）财务部；（2）人力行政部；（3）保管人。

8.5　固定资产管理

项目经理部应建立健全固定资产管理制度，科学、合理配备及有效使用固定资产，提高固定资产使用效益，防止固定资产流失，确保固定资产的安全和完整。

（1）办公用品中价值在2000元以上的为固定资产类办公物品。项目经理部要根据需求提出《购置固定资产申请表》（表8-9），报至企业人力行政部进行审核汇总，备案后方可购买。对于大额大宗物品，应采用招标形式进行。固定资产购置后，应及时登记《固定资产管理台账》（表8-10），并填写《固定资产卡片》（表8-11）和《购置（建造）固定资产验收交接单》（表8-12）。手续齐全后，将固定资产移交保管人保管。

（2）对于固定资产实行保管责任制，实行使用人、领取人、保管责任人三合一的办法，对保管责任进行归属。固定资产保管人发生变化时，要完成固定资产保管交接手续。因项目经理部人员变动，人力行政部和调离人员所在部门一起负责检查退还固定资产及其配件、相关资料是否完整。

表 8-9　购置固定资产申请表

经办人：　　　　　　　　　　　　　　　　　　　　　　　　　日期：

物品名称	规格型号	单位	数量	预计单价（元）	预计金额（元）
合计					

表 8-10　固定资产管理台账

项目名称：　　　　　　　　　　　　　　　　　　　　　　　　日期：

资产编号	资产名称	规格 / 型号	单位	单价(元)	数量	资产额	购入日期	保管人

表 8-11　固定资产卡片

卡片编号：	第　　号　第　　页	类别：	□财　□固
固定资产名称		固定资产编号	
计量单位		数量	
保管及使用单位		价值：原值或重置完全价值	
		折旧	
		净值	
建造单位		建造年月	
出厂编号		交付使用日期	
预计使用年限		预计清理净残值	
折旧率		大修基金提成率	

续表

主要规格及技术特征：

保管人：

日期：____年____月____日

制卡人：

日期：____年____月____日

表8-12 购置（建造）固定资产验收交接单

项目名称：　　　　　　　　　　　　　　　　　　日期：

资产名称			编号	
规格型号			数量	
建造单位			合同号	
技术特征	其中：产权号、车牌号或序列号			
原价	其中：	工程费	设备费	其他

固定资产组成

名称	品牌型号	建造单位	数量	单价	原价
附属 技术资料	1				
	2				
	3				
	…				
存放地点		保管人			

购置（建造）单位：　　　　使用（保管）单位：　　　　资产管理单位：

（3）各项目经理部之间需要调拨使用固定资产时，必须办理固定资产调拨交接记录（表8-13），并由相关部门和人员签字确认。主管部门和财务部门应及时对固定资产管理卡片、台账和账目进行调整。对于固定资产的报废、报损（转让），需要由申请报废的部门填写《固定资产报废、报损（转让）申请书》（表8-14），注明报废、报损（转让）原因，并由项目负责人签字确认后上报上级单位。

（4）企业人力行政部应当定期组织对办公类固定资产进行实物盘点清查，由财务部和各使用部门共同参与。对于在盘点清查中发现的资产遗失，应逐个查明原因，协商提出处理意见，并做好账册的调整工作。对于在盘点清查中发现的闲置资产，要查明具体情况，并制定相应的处理计划。

表8-13　固定资产调拨交接记录

调拨单号：_____

现从_____调拨下列固定资产至_____。设备详细规格信息见附件。

调拨原因：	
调出部门：	接收部门：
经办人：	经办人：
经办审核：	经办审核：
日期：	日期：
盖章：	盖章：

调拨固定资产设备信息

名称	资产编号	配置规格	原值	折旧	设备状态

注：本表一式三份，调出部门经理、调入部门经理、公司财务部门各存档一份，并复印送交双方单位相关管理部室。

表 8-14 固定资产报废、报损（转让）申请书

项目名称：   日期：

固定资产名称		管理编号	
原值（元）		净值（元）	
交付使用日期		主要规格	
折旧年限		实际使用年限	
已提折旧		清理时所在地	
技术状态		残值（转让价值）	

报废、报损原因：

鉴定小组组长意见：

申请部门主管：	申请单位填表人：

8.6 文件档案管理

项目经理部应当建立并完善文件材料收集和归档管理制度，加强对项目管理过程中产生的文件与档案的管理。文件资料需及时收集、整理，按照项目的统一规定标识，并完整存档。项目经理部要确保项目文档资料的真实性、准确性和完整性。文档管理宜采用信息系统进行无纸化分类存档，对于重要文档，应保留纸介质备份。同时，应对文档进行分类、分级管理，对保密要求高的信息或文件，应按照高级别保密要求进行防泄密控制。

（1）文档收集。

项目资料员负责项目公文资料的收集（包括呈文、收文、发文资料），各种荣誉奖励（如奖杯、奖状、奖牌、证书、赠品等）和项目重大活动中的影像资料等的收集、移交；其他部门负责本部门文件材料的收集整理；会计档案、科技档案等专业性文件材料由项目对口部门收集、管理、移交。

资料归卷范围详见表 8-15。

表 8-15 资料归卷范围

类目	具体内容
工程资料	1. 施工、技术管理记录
	2. 工程质量控制记录、工程安全和功能检验资料
	3. 工程质量验收记录
	4. 装饰装修工程验收记录
	5. 建筑电气工程验收记录
	6. 建筑给水排水工程验收记录
	7. 竣工图像资料
	8. 施工许可和质量评估及备案资料
	9. 质量管理记录
	10. 安全、环境保护管理记录
	11. 项目资金管理记录
行政资料	1. 规章、制度、办法（含公司及项目经理部制定的管理性文件）
	2. 目标管理（含年计划、目标责任状、总结、经营分析）
	3. 呈文、收文（公司、甲方、地方政府主管部门）、发文（按年度、按部门分装保存）
	4. 企业文化建设（画册、媒体报道等）
	5. 会议资料（会议通知、记录、主要领导发言、签到、编发纪要）
	6. 食堂及卫生防疫
	7. 安全保卫及消防
	8. 重要活动影像资料
人事资料	1. 组织机构及部门岗位设置
	2. 员工培训、学习
荣誉资料	文件、奖杯、奖状、奖牌、证书等

（2）文档整理。

项目相关人员需及时将办理完毕的文件材料收集齐全，加以分类、整理，移交项目部资料员进行立卷、存档。

（3）文档归卷。

项目资料员负责将各类资料进行科学分类和立卷（按年度、按部门分装立卷），填写《卷内目录》（表 8-16）。

表 8-16　卷内目录

档号：

文号	责任者	题名	日期	页号

（4）文档保管。

归卷后原则上采取文件柜封闭型管理，资料保管人员要做好档案资料的防盗、防火、防虫、防潮、防尘、防高温，定期检查档案保管状况，对破坏或变质的档案应及时修补、复制或做其他技术处理；资料保管人员调动工作和辞职时，应在离职前办理好交接手续；项目经理部撤销时，应将本项目全部文件资料进行认真整理，妥善保管，并向上级档案管理部门移交。

（5）文档借阅。

员工因业务需要调阅立卷材料时，应提供经审批的《档案借阅申请单》（表 8-17）。调阅的文件材料应与经办业务有关，如需调阅与经办业务无关的或保密性的文件，需经项目经理批准。

（6）文档销毁。

无查考利用价值的文件资料的销毁，经项目经理批准后方可销毁。

表8-17　档案借阅申请单

项目名称：　　　　　　　　　　　　　　　　　　　　　　日期：

档案名称		调阅人	
档案内容		所属部门	
借阅事由			
调阅类别	现场查阅（　　　　）借阅（　　　　）密级_____		
借阅期限	自____月____日——____月____日，共计____日		
备注	原件（　　），复印件（　　　）		
调阅审批			
直属领导			
项目经理			

8.7　项目驻地管理

8.7.1　项目"三工"建设

项目经理部应深入推进以"工地生活、工地文化、工地卫生"为核心的"三工"建设工作。在项目开工初期，需对项目经理部驻地进行全面规划，并对深化"三工"建设提出明确要求。根据施工组织设计的总体要求，制定办公区和生活区的规划方案，确保布局合理，满足安全、消防、卫生防疫、环境保护、防汛、防洪等方面的要求。同时，要将外协队伍和劳务班组纳入深化"三工"建设活动中。通过深化"三工"建设，可以提高工地生活质量、丰富工地文化内涵、改善工地卫生条件，进而提升项目管理水平和员工的工作积极性。

（1）工地生活建设。

为员工提供舒适的生活环境和必要的生活设施，如食堂、宿舍、浴室、卫生间等。此外，还可以组织各种文化娱乐活动，丰富员工的业余生活。

（2）工地文化建设。

通过开展各种文化活动，如文艺演出、体育比赛、知识竞赛等，提高员工的文化素质和团队精神。同时，加强安全生产教育，提高员工的安全意识和自我保护能力。

（3）工地卫生建设。

建立健全卫生管理制度，加强食品卫生、环境卫生和个人卫生管理，为员工提供健康的生活环境。定期组织员工体检，预防和控制职业病的发生。

8.7.2 项目保卫工作

项目保卫工作是项目顺利实施的有力保障，在保护人员和财产安全的同时，也有助于维护项目的正常秩序。项目经理部应建立相应的项目保卫组织机构，制定相应的保卫制度和应急预案。

（1）现场安全管理。

施工现场应设立门卫和巡逻护场制度，护场守卫人员需佩戴值勤标志，进出人员则要佩戴胸卡。同时，要加强对项目施工现场的巡逻与监督管理，防止盗窃、破坏及其他安全事故的发生。此外，还需设置安全警示标识，确保施工人员和公众的安全。

（2）治安应急预警。

施工现场治安保卫工作要建立预警制度，对可能发生的事件要定期进行应急演练。事件发生时，必须立即上报各上级主管部门，并做好现场疏导工作，以防事态扩大。

（3）现场出入管理。

对项目现场的人员和车辆进行严格的出入管理，核实身份信息，防止未经授权的人员进入项目区域。现场施工人员必须手续齐全，建立劳务人员档案，非施工人员不得进驻现场。

（4）现场人员管理。

强化对施工现场劳务人员的管控，加强对库房、宿舍、食堂等案件多发区域的管理，制定并落实治安管理措施，确保"人防、物防、技防"无疏漏，严禁赌博、酗酒、传播淫秽物品以及打架斗殴等行为。

（5）监控设施配备。

在项目经理部的重要部门和关键部位加装视频监控系统与报警系

统，如监控摄像头、报警系统等，提高项目安全性。与当地警方建立良好的合作关系，及时报告和配合警方处理安全问题。

8.7.3　项目消防工作

项目消防工作是项目安全管理的重要组成部分，通过有效的项目消防工作，可以降低火灾风险，保障人员生命财产安全，确保项目顺利进行。同时，消防工作应贯穿项目全过程，不断加强和改进，以适应不同阶段的消防需求。

项目经理部应建立消防安全责任制度，确定消防安全责任人，制定消防安全管理制度和应急预案，制定用火、用电、使用易燃易爆材料等各项操作规程，设置消防通道、消防水源，配备消防设施和灭火器材，并在施工现场入口处设置明显标志。项目经理负责实行和逐级落实防火责任制、岗位防火责任制。各部门、各班组以及每个岗位人员都应当对管辖工作范围内的消防安全负责。以下是项目消防工作内容：

（1）消防规划设计。

根据项目特点和需求，制定合理的消防规划和设计方案，包括消防设施布局、消防通道设置等。

（2）消防设施配备。

按照相关法律法规和标准，配备合适的消防设施，如灭火器、消火栓、自动喷水灭火系统等，并确保其正常运行。

（3）消防培训演练。

对项目人员进行消防知识培训，提高他们的消防意识和应急响应能力。定期进行消防演练，让项目人员熟悉消防器材的使用和疏散流程。

（4）消防检查与维护。

制定并执行火灾预防措施，定期对消防设施进行检查和维护，确保其完好有效。及时发现和整改消防安全隐患。

（5）应急预案制定。

成立火灾应急指挥小组和救援小组，明确各成员的职责和角色，制定火灾应急预案，明确在火灾发生时的应急响应程序和职责分工。

8.8 附件

附件 8-1 项目简报
附件 8-2 会议督办通知单

附件 8-1　项目简报

项目简报

第　　期

_____项目经理部
_____年____月____日

正文：略

附件 8-2　会议督办通知单

_____项目经理部会议督办通知单

事督单 [　　]××号

_____年____月____日

主责部门（单位）	协助部门（单位）	项目经理

督办事项及要求	

完成期限	
反馈节点	

主责部门（单位）负责人		填表人

备注	

注：请主责部门（单位）负责人按照反馈节点将通知单填好后发送项目资料员

附录

附录 1　项目管理座舱

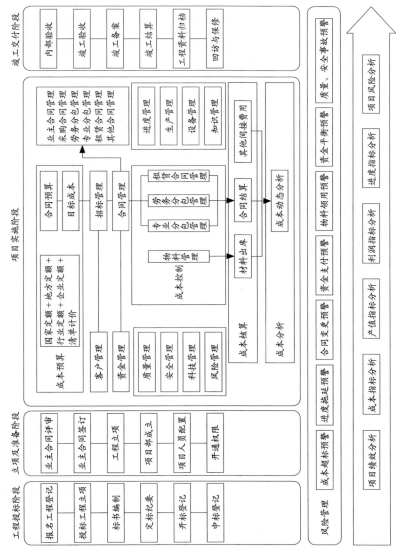

附录2　项目全生命周期标准模块运营计划表

序号	阶段	业务事项	计划日期 开始	里程碑	完成	输出	业务部门 发起部门	接收部门	责任人 主要责任人	协办责任人	备注
1	商务投标	信息收集，汇总，调研，评审，立项	-5		0	《投标立项评审表》	市场部	投标部	市场负责人	市场经办人	—
2		现场勘察	0		1	《现场勘察报告》	市场部	投标部	市场经办人	项目经理	项目经理配合完成现场勘察
3		商务标编制	0	投标立项	5	《商务标书文件》	投标部	招标人	投标负责人	投标经办人	项目经理参与工程直接费分析
4		技术标编制	1		7	《技术标书文件》	投标部	招标人	投标负责人	项目经理	重点项目由项目经理负责编制
5		投标材料封样	1		7	完成材料封样工作	投标部	招标采购部	投标负责人	招标采购经办人	—
6		施工成本测算	1		5	《施工成本分析表》	项目部	内审部	项目经理	成本经办人	施工成本测算
7		商务洽商	—	洽商	—	《洽商纪要》	投标部	招标人	投标负责人	投标经办人	与招标人进行商务谈判
8		中标知会	-1	中标	1	收到《中标通知书》	市场部	各部门	市场经办人	投标负责人	投标经办人负责各部门负责人

续表

序号	阶段	业务事项	计划日期			输出	业务部门		责任人		备注
			开始	里程碑	完成		发起部门	接收部门	主要责任人	协办责任人	
9	商务投标	合同签订	1	收到中标通知书	15/30	签订《施工合同》	投标部	招标人	投标负责人	投标负责人	示范区、样板房项目合同签证≤15d，批量项目≤30d由工程管理部、商务合约部、财务部各一份，项目部需合同复印件由工程管理部负责提供，详见《施工合同审批表》
10	项目立项	施工立项	1	项目立项	1	立项信息上传OA系统	投标部	工程管理部	投标经办人	—	由投标经办人将项目中标信息上传OA系统，工程管理部接收到信息后立即组织施工准备，详见《项目立项审批表》
11		申请启用项目印章	0	项目立项	0	取得项目印章	工程管理部	项目部	工程管理资料员	工程管理负责人	开工后一周内需完成项目印章申请、制作，详见《印章制作申请表》
12		项目成员任命通知	0	项目立项	3	人员配备到位	人力行政部	工程管理部	人力行政负责人	人力行政经办人	《项目成员任命通知》
13		项目审计人员到岗	-7	项目进场	7	项目经理、施工员、资料员到岗，总人数不超过标准配置	工程管理部	项目部	工程管理负责人	人力行政负责人	关键岗位开工前6d，老项目移交3d内完成

续表

序号	阶段	业务事项	计划日期			输出	业务部门		责任人		备注
			开始	里程碑	完成		发起部门	接收部门	主要责任人	协办责任人	
14	项目立项	租赁办公室、宿舍	−7	项目进场	0	完成办公室及宿舍租赁，签署租赁合同	项目部	—	项目经理	项目部人员	《房屋租赁申请》
15		办公用品配备	−3		0	完成办公用品配备	人力行政部	项目部	人力行政负责人	人力行政经办人	材料员采购并发货到项目
16		商务交底	−7		0	完成商务交底，交底人与被交底人签字确认	投标部	项目部	投标负责人	投标经办人	填写商务交底，并对项目进行交底，双方签字确认
17	招标采购	召开项目启动会	−7		14	通过项目施工策划评审，完成二算对比，确定项目责任成本，签订责任书	项目部	工程管理部	项目经理	项目部人员	项目部组织项目启动会，公司领导、项目全员、工程管理部、商务合约部经理及经办人参加，可邀请建设单位领导参加，详见《前期施工策划》
18		编制资金使用计划	1		7	编制并通过审核《垫资项目资金计划表》《垫资项目付款计划表》和《工程垫资申请单》	项目部	财务部	项目经理	项目预算员	详见附件《项目全生命周期资金计划》《项目资金支出明细》和《项目资金月度收支计划》

续表

序号	阶段	业务事项	计划日期 开始	计划日期 里程碑	计划日期 完成	输出	业务部门 发起部门	业务部门 接收部门	责任人 主要责任人	责任人 协办责任人	备注
19	招标采购	编制班组和材料招标计划及招标清单	-7		7	班组和材料招标计划及招标清单提交招标采购部	项目部	招标采购部	项目经理	项目预算员	详见附件《班组报价清单》《主要材料招标采购计划汇总表》《劳务及材料计划审批表》
20		编制施工组织设计、专项施工方案、施工总进度计划、材料进场计划和劳动力计划	-7	项目进场	7	完成施工组织设计、专项施工方案、施工总进度计划及材料进场计划和劳动力计划编制	项目部	建设(监理)单位	项目技术负责人、项目经理	施工员	—
21		施工图会审	7		14	组织相关单位进行图纸会审,形成图纸会审记录	项目部	—	项目经理	施工员、深化设计	《图纸会审记录》
22		施工材料封样	-1	开工	3～15	经设计单位、监理及建设单位签字确认并作现场材料封样展板	招标采购部	项目部	招标采购负责人	项目经理	基材类(如轻钢龙骨、木工板、阻燃板、石膏板、硅酸钙板、电气管线、给水排水管、镀锌角钢、镀锌方管)由项目部负责采样,面材类(如木饰面、石材、瓷砖、不锈钢、灯具、洁具、五金、门锁等)由招标采购部负责采样

续表

序号	阶段	业务事项	计划日期			输出	业务部门		责任人		备注
			开始	里程碑	完成		发起部门	接收部门	主要责任人	协办责任人	
23		施工场地移交	1		2	完成土建±0.000基准线、建筑1m线、轴线移交手续，以及水电接驳点移交	建设单位	项目部	项目经理	施工员	《土建移交记录》
24		场地实测实置	1		5	完成水平线、标高线放线，土建结构尺寸偏差汇总并提交土建整改	项目部	建设单位	项目经理	施工员	—
25	招标采购	安全文明施工布置	-3	项目进场	7	完成安全文明施工标准化布置，临时设施完善，工人着装统一，临电管理、安全防护规范，设置吸烟区，垃圾及时清运	项目部	—	项目经理	安全员	填写《安全文明施工物料申请作表》，由工程管理负责制作并发货到项目部
26		资质、人员、特殊工种操作证、应急预案、材料进场等报验	1		7	完成资质、人员、特殊工种操作证、应急预案、材料等报验	项目部	建设（监理）单位	项目资料员	项目经理	—

续表

序号	阶段	业务事项	计划日期			输出	业务部门		责任人		备注
			开始	里程碑	完成		发起部门	接收部门	主要责任人	协办责任人	
27	生产施工	施工技术交底、安全技术交底和工人入场三级安全教育	1	工人进场	1	对进场工人进行施工技术交底、安全技术交底和三级安全教育	项目部	施工人员	项目经理	施工员、质安员	详见《施工技术交底》《安全技术交底》《三级安全教育》
28		基材供应商定标	-7		7	签订基材供货合同	项目部	招标采购部	项目经理	招标采购办人	—
29		面材供应商定标	-7		14	签订面材供货合同	招标采购部	项目部	招标采购办人	招标采购办人	—
30		施工班组定标	-7	项目进场	7	签订劳务班组施工合同	招标采购部	项目部	招标采购办人	招标采购办人	—
31		深化图纸	1		20	完成全部需要深化的图纸，有深化后的图纸清单	项目部	—	深化设计师	项目经理	—
32		主材下单	1		15	完成主材跟踪表，有主材下单（不含收边材料单）	项目部	材料供应商	项目经理	施工员	详见《主要材料进场跟踪表》

续表

序号	阶段	业务事项	计划日期 开始	计划日期 里程碑	计划日期 完成	输出	业务部门 发起部门	业务部门 接收部门	责任人 主要责任人	责任人 协办责任人	备注
33	生产施工	项目施工	—	—	—	按合同约定工期完成全部施工内容	项目部	—	项目经理	项目部人员	—
34		检验批、隐蔽工程验收记录、材料送检等内业资料	—	—	竣工	完成施工过程资料报验，材料合格证、检测报告等收集归档工作	项目部	建设（监理）单位	项目资料员	项目采购员	—
35		施工日志	—	—	竣工	项目部全员每日填写施工日志，且记录规范及时	项目部	工程部	项目部人员	—	—
36		仓库材料出入库管理	开工	—	竣工	完善日常出入库材料数量、质量验收及登记造册，执行限额领料，材料超收预警，材料堆放效整齐有序	项目部	内审部	仓管员	施工员	—
37		成品保护	开工	—	竣工	未出现大面积的半成品、成品损坏和污染	项目部	工程部	施工班组	项目部人员	—
38		定期组织内部培训或总结	开工	—	竣工	有培训记录	项目部	工程部	项目经理	项目部人员	—

续表

序号	阶段	业务事项	计划日期 开始	计划日期 里程碑	计划日期 完成	输出	业务部门 发起部门	业务部门 接收部门	责任人 主要责任人	责任人 协办责任人	备注
39	生产施工	办理工程签证	开工	—	竣工后30d	经建设单位、监理单位签字确认，过程中有签证动态跟踪表	项目部	内审部	项目经理	项目预算员	详见《签证动态跟踪表》
40		编制竣工图并经建设单位、监理单位签字确认	施工	—	竣工后15~30d	完成竣工图的编制，出蓝图、盖竣工章，各方签字确认	项目部	内审部	项目经理	施工员	—
41		进度款、完工款清收	—	合同付款节点	14	完成合同约定工付款比例	项目部	财务部	项目经理	项目预算员	—
42	竣工交付	工程验收	—	项目竣工	30	竣工验收合格，验收报告经各方签字确认	项目部	工程管理部	项目经理	项目部人员	—
43		班组及材料收方	—		30	现场收方完成	项目部	内审部	项目经理	项目部人员	—
44		资料移交	—		30	移交竣工图、材料、材料样板及实景照片存档	项目部	建设单位	项目经理	项目部人员	—
45	结算	提交竣工结算资料	15		30	竣工结算资料齐全，并上报建设单位审核	成本部	建设单位	项目预算员	内审	—

续表

序号	阶段	业务事项	计划日期 开始	计划日期 里程碑	计划日期 完成	输出	业务部门 发起部门	业务部门 接收部门	责任人 主要责任人	责任人 协办责任人	备注
46	结算	与班组结算	1	项目竣工	30	完成施工班组结算，并上报公司各部门审核	项目部	内审部	项目经理	项目部人员	—
47		项目关账	30	项目竣工	45	完成班组、供应商、零星采购全部支出结账工作，并形成实际成本支出报表	项目部	内审部	项目经理	商务合约经办人	—
48		结清房租、宽带、水电等费用	—		15	房租、宽带及水电等费用全部结清并报销	项目部	财务部	项目采购员	项目部人员	—
49	项目收尾	人员、材料和设备退场	—	退场	3	人员、办公用品、器具、施工材料退场	项目部	工程管理部	项目经理	项目部人员	—
50		工程款收付	开工		45	及时开票、付款，无超付、错付、漏付款项	财务部	项目部	财务负责人	财务经办人	—
51		项目清账	—	验收	60	形成项目财务报表	财务部	项目部	财务负责人	财务经办人	—
52	项目运维保修	完工项目售后移交	1~3个月		运维保修结束	完成项目正常保修期的运维保修工作	运维保修部	业主	运维保修负责人	运维保修经办人	—

参考文献

[1] 丛培经.工程项目管理（第五版）[M].中国建筑工业出版社，2017.

[2] 封金财.建设工程项目管理 [M].中国建筑工业出版社，2018.

[3] 董晶，孙娜.工程项目管理 [M].机械工业出版社，2014.

[4] 张俊伟.极简管理：中国式管理操作系统 [M].机械工业出版社，2013.